华章程序员书库

UNDERSTANDING SOFTWARE

编程原则

来自代码大师 Max Kanat-Alexander 的建议

[美] 马克斯·卡纳特 – 亚历山大　著

(Max Kanat–Alexander)

李光毅　译

机械工业出版社
China Machine Press

图书在版编目（CIP）数据

编程原则：来自代码大师 Max Kanat-Alexander 的建议 /（美）马克斯·卡纳特 - 亚历山大 (Max Kanat-Alexander) 著；李光毅译 . -- 北京：机械工业出版社，2021.6（2022.10 重印）

（华章程序员书库）

书名原文：Understanding Software

ISBN 978-7-111-68491-6

I. ①编⋯　Ⅱ. ①马⋯ ②李⋯　Ⅲ. ①软件质量　Ⅳ. ① TP311.5

中国版本图书馆 CIP 数据核字（2021）第 106750 号

北京市版权局著作权合同登记　图字：01-2020-4925 号。

编程原则
来自代码大师 Max Kanat-Alexander 的建议

出版发行：机械工业出版社（北京市西城区百万庄大街 22 号　邮政编码：100037）

责任编辑：王春华　李忠明　　　　　　　　责任校对：殷　虹

印　　刷：北京建宏印刷有限公司　　　　　版　　次：2022 年 10 月第 1 版第 2 次印刷

开　　本：186mm×240mm　1/16　　　　　印　　张：13.5

书　　号：ISBN 978-7-111-68491-6　　　　定　　价：79.00 元

客服电话：（010）88361066　68326294

在还没开始翻译之前，我对于这篇译者序就已经有了规划：先聊聊我翻译这本书的原因，再大致把这本书里的内容叙述一遍，最后重点推荐一些我个人认为有价值的章节。但是在后续润色的过程中（其实也相当于重读了），我发现当初的设想是不可能实现的，因为整本书涉及面太广了——代码调试、策略测试、团队协作、效能提升、待人接物无所不谈。

你肯定也疑惑了，那么本书究竟想介绍什么？难道没有一个统一的主题吗？

答案是"有"，用两个字——原则总结就够了。本书涵盖的是所有你在开发中可能会运用到的各式各样的原则。在本书的前言和第 1 章中，作者就开宗明义地指出，本书的目的是帮助你成为一名更好的开发者。通过书中作者在过往工作中总结下来的这些经验，希望能够让你在成长的路上少走弯路。

多谈些主义

关于如何对待编程领域中这些和编程间接、直接相关的知识，我见过两种极端的态度：有的人只看结果，只关心"写代码"，而对"写好代码"一无所知；第二类人深谙各种架构设计、整洁代码之道，但对于当下代码中遭遇的问题却没有落地的方案。

在互联网公司的多年工作经验让我个人更习惯于从第一种人的视角看待问题，毕竟这是行业性质决定的，跑马圈地、快速扩张才重要，行业不允许你有时间思考。但是抛开行业、抛开公司，单纯地看编码这件事，我作为程序员最大的疑惑是：为什么我在每一家公司接手的代码库都如此难以维护？为什么总有人写出 500 行代码的函数和 1000 行代码的组件？为什么每一个迭代的最后总是要加班加点，研发、测试、产品经理都叫苦不迭？为什么问题年复一年地发生，却没有人想做些什么来改变现状？

DRY——Don't Repeat Yourself。别忘了这可是我们自己说的。

我观察到程序员存在一种战略上的惰性，对学习新技术和新框架，对阅读源码有发自内心的推崇。我不否定这种行为，新技术能给我们的项目带来便利，能给我们的简历增添浓墨重彩的一笔，这无可厚非。但技术背后的编写思路演化至今的原因，同样值得了解，它们和技术的语法本身同样重要。仔细回想和思考就不难发现，工具的好坏和代码的好坏，与项目将来适应需求变化的灵活能力没有关系，从写 Vanilla JavaScript 的年代，到 BackboneJS，再到 React，你看到团队中能把代码写好的人真的是越来越多吗？

不同行业对于软件质量的要求是不同的。且不说你所在的行业有没有意愿和资源解决这些问题，如果有，你应该去哪里寻找方案？

在我看来，前人留下的经验是最值得我们借鉴的宝贵财富，无论这种经验是来自传统软件行业还是其他互联网公司。我们遇到的问题，尤其是对传统软件行业而言，他们在十年前甚至二十年前就已经遇到了，所思所想比我们更深远。然而这些经验也并不神秘，其中有一部分经典就是你已经耳濡目染的各类编程法则和开发模式，而另一类更实际的内容就散落在不同渠道的文字和口述当中，例如本书中。

但让人望而却步的是，大部分原则听起来都过于抽象了，甚至有些是反直觉的。

我明白抽象带给人的挫败感，你肯定听说过不少，甚至它们的名字都可以信手拈来，例如可维护性、可扩展性、可读性、KISS、YANGNI 等。但什么样的代码才称得上可读性好，KISS 应该如何在代码中实施？

反直觉的实践也比比皆是。如果我告诉你，在每一次正式开发代码前，提前对代码做一些重构工作，那么无论是短期还是长期来看，你整体付出的开发时间是下降而不是上升的，你愿意相信吗？相信之后又敢在工作中尝试吗？

遗憾的是有一些原则背后确实存在复杂的知识体系作为支撑，哪怕我用思维导图把背后涉猎的概念一五一十地列举出来，你的内心可能依然毫无波澜。因为其中的很多原则需要你看到相似的代码后才能心领神会，轮扁斫轮的寓意也是在此。但还有一些并不是，比如在判断一个函数长度是否恰当时，我们有一些实打实的评判标准，其中一条是函数是否能在一个屏幕之内显示完毕。

Uncle Bob Martin 在他的"The Principles of OOD"系列文章中谈到过糟糕设计

（Bad Design）的几个特征：

❑ 僵化（Rigidity）：代码难以修改，因为改动会影响到的地方太多。

❑ 脆弱（Fragility）：当你做出修改时，系统中预期之外的地方会遭到破坏。

❑ 难以修改（Immobility）：代码很难被复用，因为它与当前系统中的功能耦合在了一起。

这一系列简单扼要的描述，就将编程中涉及的原则和代码中具体的症状联系到了一起。

学习这些知识难吗？一点也不难。想要了解它们很简单，但想要在编程中灵活运用它们则是另外一回事，毕竟提升编程技能靠的不是死记硬背，而是反复刻意的练习。但再困难，也会比将来回过头设法挽回代码造成的损失要简单。

如果他们错了怎么办

我无法否认这种可能性。但也请允许我问另一个问题：当需要在一个团队内对某个技术方案进行决策时，决策应该是专制的还是民主的？

不如我再把这个例子具象化一些，假设在一个新建的项目中，我们需要制定 webpack 关于 chunk 打包的策略，那么很多与 chunk 有关的配置，比如 hash、cacheGroups，应该如何配置？

解决这个问题的过程不太可能是民主的。首先人们需要对 webpack 涉及哪些 chunk 配置，以及每一个配置的可选项背后对应解决的问题场景有所了解；其次还要对项目的现状、站点内静态资源加载的需求有清晰的认识。

这些决策的前提知识，并不是每个人都具备的。

大部分时候——我说的是大部分时候，技术的决策是专制的。如果我在这个技术领域有丰富的经验，如果我解决过足够多的问题，哪怕是我在这个项目中待的足够久，那么对于当下任何一个新的问题，我就能想得更多，看得更远。当然如果团队的时间和人员充足，可以抱着培养新人的心态，放手把问题交给一个从没有接触过这方面领域的人来解决。

很多时候这些原则不一定是错的，而是让你听上去以为它是错的。就拿注释这件事来说，大部分程序员会认为注释是消除代码"恶臭"的灵丹妙药，但是：

❑ Martin Fowler 在《重构》里告诉你没事别写注释。

❑ Uncle Bob Martin 在《代码整洁之道》里告诉你没事别写注释。

❑ Jeff Atwood 在 codinghorror 技术博客里告诉你没事别写注释。

那你还有什么理由要继续写注释？

现在依然半信半疑的你该何去何从？

你可以去了解这些建议背后的动机。在这些建议的背后他们都给出了各自的理由，以及替代的解决方案是什么。"start with why"有助于理解，神奇地让你从对立面转向认同他们的观点。

但有一些知识可能找不到出处，或者只是团队中留下的实践，这种实践还是以代码的形式给出的。在这种情况下，你或许需要的是"信仰之跃"（Take a leap of faith）。也就是说此时你需要无条件地相信，日后再慢慢验证，慢慢理解。

还有一种选择，那就是置若罔闻，但可能需要承担惨痛的、后患无穷的代价。

如果你依然对书中的原则将信将疑的话，不得不提我翻译这本书的另一个原因：书中很多内容与我在实际工作中总结出的经验不谋而合。

我个人在从独立开发者的视角转向关注团队、关注项目、关注流程的视角的过程中，发现技术问题已不再是我眼中需要解决的首要难题。

因为哪怕你找到了整治项目的灵丹妙药（某种最佳实践），也需要整个团队的力量来帮助你落地且一如既往地保持下去。项目里不需要英雄，即使团队中真的存在能写一手好代码的高手，他的辛苦结晶也很快就会被庸才们"孜孜不倦"的"劳动成果"所打败。

迫切地希望团队中有"救世主"角色出现是一个危险的信号，而且通常这个时候救世主也派不上什么用场。另外，即便有灵丹妙药，你有没有考虑过团队里的每个成员能否"咽得下"这颗灵丹妙药？基于同样的原因，仅仅只有几个人能够理解这套方案并且在项目里实施起来是不够的。所以灵丹妙药要怎么选？底线在哪？说白了，底线就是团队能力的下线。

如何提升团队效能？如何帮助团队中的成员成长为明星程序员？这些都是在本书中会谈及的问题。

多研究些问题

还记得我在开头提及的第二种人吗？他们同样是危险的。如果抛开实现，单纯地把问题抽象到某种高度，可能会让问题陷入一种什么都解决得了或什么都解决不了的极端局面中。前者相当于"不就是"，后者等同于"又怎样"。万事万物都可以套用"不就是"与"又怎样"的句式，这样的描述看似是无敌的，但仔细想想又破绽百出。

"不就是微前端嘛"——不好意思你说的是哪一种微前端？不同框架下组件间的通信问题是如何解决的？构建时集成流水线的粒度如何？组件间互相依赖的版本管理策略如何？

"又怎样"的心态更是可恶，当代码稍有改善时，就会有悲观主义者"友善"地"提醒"你：这种杯水车薪的改善又能怎样呢？现在整个代码库依然身陷囹圄。

这种思考问题的方式一点都说不通，代码腐化是一个持续的过程，但为什么我们却想在某个时间段内一劳永逸地把问题解决？

实话实说大部分代码库都是满目疮痍的，问题在于你要如何挽救它，从哪里开始挽救它。无论我们是引入 committer 机制还是代码评审会议，总有一天会无法坚持下去，最坏的情况无非是我们没有让它变得更好，但也保证了在尝试的过程中它不会变得更差。

前面所说的开发人员的能力困境"不就是"温伯格的咨询第二定律：不管一开始看起来什么样，它永远是人的问题。

它够不够抽象？够。够不够深刻？够。够不够有哲理？够。但说实话对于解决我们当下的问题并没有太大的帮助。如果瓶颈真的在团队的成员上，我们想知道的是：怎样才能提升团队成员的编程能力？再实际一些，作为一家创业公司，我无法提供非常有竞争力的薪水来招到顶级的人才，或者迫于交付压力我无法花太多的时间在培训、代码审查、重构上，那么我的代码应该如何被拯救？

在我看来本书的魅力正是摆脱了高高在上的姿态，在"说白话"，作者并非只是凭空扔给你一句话（每一句话高深到每个词你都认识，但连起来就读不懂那种）之后让你慢慢参悟。对于一些概念，甚至是常见的概念，作者会进行澄清和定义。如果他提出的是一条建议，那么他还会解释这条建议的来龙去脉和它所适用的范围。对于在实施过程中可能遭遇的阻碍，他也做出了适当的预测并给出了解决办法。

我不敢苟同他在书中提出的每一个观点，最终是否适合你还需要你自行判断，毕竟在这个领域内没有银弹。但相信这些内容能够给你带来启发。

前　言 *Preface*

　　我从 2008 年开始在 www.codesimplicity.com 网站上撰写博客，这么做的原因只有一个——想要让全世界的软件开发变得更好。做这件事不是为了成名，不是为了获得工作机会，也不是为了将自己的想法强加于他人。我的初衷是为了帮助他人。

　　我发现在软件工程领域中存在大量与软件开发相关的各种建议，但缺少一定数量的事实和一些基本的原则。这个说法对有些人来说可能有点骇人听闻，因为基于我们对工作内容的认知，软件开发可以算作一门科学学科——我们需要借助高科技设备和许多复杂系统来完成工作。所以它毋庸置疑和科学有关，不是吗？

　　问题在于如果某类事物想要被纳入科学的范畴，它的背后必须要有科学定律，以及基于这些定律形成的结构化的信息系统作为支撑。一般来说，你要证明你的定律和系统在现实的物理世界中能够完全按照预期方式来工作。所以对于技术来说，仅有事实还不够，还必须有基本原则。

　　有非常多的方式能够推导出这些基本原则。最流行和接受度最高的方式莫过于借助于科学的方法论。当然也存在其他的途径。无论你选择什么样的方式，整个过程都离不开一个更大的主题——认识论，解释起来就是"研究知识是如何被发现的"。举个例子，你肯定知道你的名字叫什么，但你是怎么知道那就是你的名字的？你怎么知道它的确是你的名字？如果你想要学习构造一幢房子，你要如何学习这方面的知识？等等。

　　关于认识论，我表述得过于简略了，鉴于我并没有真正地对认识论及对它的使用做出解释，或许有些哲学系教授会对我的说法给予批评，但是我希望我所写的这些内容足以让大部分读者意识到，我需要的是一些能够引导基本原则的发掘的方法论。而认识论中的各类方法论，包括其中的科学方法论，都能够给予我这方面帮助。

我的第一本书《简约之美》[○]就是对软件开发中的这些基本原则的汇总讲解。但除了这些基本原则之外，需要了解的内容远远不止这些。你当然可以从《简约之美》中叙述的内容推导出其他有关软件设计的林林总总，但既然我都准备好了，为什么不直接和你分享呢？

本书是自《简约之美》出版后，对我后续所写的博客文章的再一次汇总出版，还包括在《简约之美》出版之前所写的但又不适合收录在其中的一些内容。本书的大部分文章都能在我的网站上找到，但是在本书中为了最大化可读性，它们被重新组织、规划以及再编辑。同时，以图书形式阅读它们也更容易理解和消化。

本书有一章没有（也永远不可能）出现在我的网站上——这一章名为"杰出的软件"。作为《简约之美》第一版草稿中的一部分，我在很多年前就已经编写完毕了，但从来没能说服自己将它免费发布出去。

你大可不必按照书中文章的顺序来阅读。如果能按照页码顺序或者章节的顺序来阅读当然很好，但是如果你觉得某部分内容看上去更有意思，你也可以跳跃式地直接去阅读你感兴趣的内容。

为了同时满足两部分读者的需求，我将整本书的内容分成了几个部分。这样，按照先后顺序阅读的读者能感受到一致性，想要跳读的读者也能做到对每一部分涵盖的内容心中有数。

本书的前三部分内容首先聚焦的是程序员应该了解的基本原则，然后是关于软件的复杂性和简约性的各个方面。在此之后，第四部分介绍代码调试。接着是第五部分，包含一整套全新的原则，都是我在《简约之美》出版之后陆续整理出来的，基于的是我将《简约之美》中的原则成功应用在大型工程团队内的经验。

接下来第六部分叙述的是软件设计原则背后的哲学。其中包含一章"测试的哲学"，讨论的是有关软件测试的基本原则，比我在第一本书里讲解得更加透彻。

最后迎来的是第七部分，内容都是围绕我所有博客中最受欢迎的文章来编写的。开篇首先解释了为什么"持续改善"应该作为软件开发中产品管理的哲学，然后讨论的是如何让你的软件持续改善，以及成为一名更好的程序员的具体方法。

○ 该书也同为本书作者所著，中文书名全名为《简约之美：软件设计之道》。在本书内容中简称为《简约之美》。——译者注

总的来说，整本书旨在帮助你成为一名更好的软件开发者，这也是本书唯一的主旨。我倾向于活在一个软件简单易用、快速稳定、设计良好还易于开发的世界里，你不也希望如此吗？在《简约之美》和这本书中，我会告诉你应该通过何种方式来达成这个目的——你所需要做的仅仅是将我传递给你的这些知识在工作中应用起来。

祝你好运！

马克斯·卡纳特 – 亚历山大

2017 年 8 月

马克斯·卡纳特–亚历山大是谷歌的代码健康技术主管，他的工作包括担任 Xbox 上 YouTube 的技术主管，在谷歌从事 Java JDK、JVM 和 Java 其他方面的工作，以及担任 YouTube 的工程实践技术主管，他在 YouTube 上为所有的开发人员提供最佳实践和工程开发效率方面的支持。

目　录 *Contents*

程序员应该了解的基本原则

在你开始之前

我研究软件设计的目标之一，是希望一部分所谓的"糟糕的程序员"或者平庸的程序员，哪怕是在工作经验有限的情况下，只需要稍加学习，就能华丽变身为优秀甚至伟大的程序员。

我好奇的是：为了帮助他们成为伟大的程序员，哪些基础知识是必须传授给他们的？如果某人从事编程工作多年但是依然没有起色，应该如何帮助他们？他们究竟缺少了什么？这些大致就是我在本书中谈论最多的内容，具体在第七部分介绍。

无论如何，在某人开始迈向成为更优秀的软件开发者的道路之前，有一件事是肯定的：

> 要成为一名杰出的程序员，你必须首先想要成为一名杰出的程序员。再多的教育培训也无法使一个不想变得杰出的人成为一名杰出的程序员。

如果你是一个对软件开发怀有极大热忱的人，或者哪怕只是热衷于擅长手头的工作，那么你可能会对有些人的这种不思进取的心态感到难以理解。想象一下你目前正需要学习某个领域的专业知识，但其实你个人并不想在这个领域内有任何的建树，从这个角度思考也许能帮助你充分理解这个想法背后的动机。

举个例子，尽管总的来说我对某些运动员有所崇拜，喜欢踢足球，有时也喜欢看体育比赛，但是我从来不希望自己成为一名伟大的运动员。因为我根本就不想，所以再多的阅读和训练也于事无补。我甚至从一开始就不会阅读这方面的书籍。如果强迫我参加一些课程或者培训，恐怕我也只会左耳进右耳出，因为我根本没有了解这些知识的欲望。

哪怕某项运动成了我每天从事的职业，我心里的声音也会是："好吧，鉴于我对体育运动没有丝毫热情，所以这些所谓能让我变得更好的知识对我来说一点也不重要。总有一天我会从事其他方面的工作，或者我会在某天退役，然后再也不用去想它们，但在这一切发生之前，我只需要把这份工作完成就好，因为它们带给我收入并且让我不用饿肚子。"

很难想象这些就是当你告诉那些"糟糕的程序员"如何把代码写好，或者为什么应该把代码写好时，他们脑袋里所想的东西。如果他们并不是打心眼里想成为他们能够成为的最佳程序员，那么无论给予他们多少次培训、纠正他们多少次错误，又或者他们参与了多少次进修学习，他们都不会变得更好。

要做就把它做好

所以你打算怎么做？公平地说，我可能不是提出这个问题的最佳人选，因为如果我要做某件事，我会觉得要做就要尽全力做到最好。所以当下你的最佳选择也许就是鼓励人们遵循这个理念。

你可以通过类似于这样的话术来劝导他们："如果工作无论如何都得干完，为什么不把它们交付得漂漂亮亮的？专业能力上的提升至少能让工作做起来更得心应手不是吗？工作成果能得到他人的赏识不也挺好的吗？在结束一天的工作回到家后，回味起将任务圆满完成的成就感也不赖吧？哪怕只有一丁点的进步，你的生活也会比现在更好是不是？至少不会变得更糟吧？"

无论采取什么样的手段，目的都是为了让人们更乐于提升自己，这是他们能变得更好的底线和前提。至于你是如何做到的并不重要，只要在你给予他们帮助之前，为他们建立起这方面的意识就好，否则你的苦口婆心只会从他们的左耳进右耳出。

——Max

工程师的态度

在每一类工程领域里，每一位工程师都应该有的工作态度是：

> 我可以用正确的方式解决这个问题。

无论这个问题是什么，解决问题的正确方式总是存在的。它不仅触手可及，在项目中也存在落地可能性。唯一不这么去做的正当理由只可能是缺少资源。无论如何，你应该始终认为正确的方式是存在的，并且你也有能力用该方式应对这个问题，在资源足够的情况下，它还是你解决问题的首选方案。

"正确方式"通常指"在考虑到未来所有可能发生的合理情况的前提下给出的解决方案，这个前提甚至包括那些未知的和难以想象的情况"。

如果一座桥不需要人们持续地投入精力进行养护，但它却可以轻松应对正常的自然环境条件，或者是正常的运输压力，那么就可以说这座桥是以"正确方式"建造的。

> 如果软件代码在保持简约的同时，也为将来可能出现的合理功能变更需求提供了灵活性，那么就可以说它是以"正确方式"设计的。

你可以找到很多不采用正确方式解决问题的荒唐理由：

❑ **我不知道正确方式是什么**。通常这意味着你需要学习更多的知识，或者加深对它们的理解，才能发掘出正确方式是什么。当我遇到这种情况时，我会暂停思考这个问题，而恰恰正当我要起身离开或者第二天回来继续工作时，答案就自然而然地出现了。在还没弄清楚正确方式是什么之前，我会尽量不要妥协地使用非正确的方式来解决问题。

❑ **团队无法对什么是正确方式达成一致**。有时团队成员们会对什么是"正确方式"进行争论，在争论的过程中主题会渐渐偏离初衷，变得让人摸不着头脑。人们并不擅长集体决策。我们也都知道软件不是依赖某个群体的决策而设计出来的，我怀疑"依靠群体决策进行设计"在其他工程领域的效果也不会很理想。

　　这里的解决方案是，把问题分配给一位对你们的工作领域有所了解，同时富有经验并且值得信赖的工程师，也许在仔细分析了现有分歧并收集了相关信息之后，他或她可以依据当下的有效工作流程标准，独立地决定正确方式是什么。

❑ **因为现在我太懒/累/饥饿/无法集中精力，导致我无法用正确方式实现它**。这时常发生在我们每个人身上。可能现在时间已经来到了凌晨 1 点，你已经在项目上马不停蹄地工作了 15 个小时，你只是希望这该死的代码能够正常运转起来！尽管如此，还是休息一会儿再继续吧。世界末日没有来临，问题终究会得到解决。

　　睡一觉，吃些东西，散散步，做一些能够改善思绪的事情，直到你想用正确方式解决问题的意愿又回来了，再尝试继续工作吧。如果你陷入的状态始终无法让你用正确方式解决问题，那就意味着你确实需要休息了。

　　这也算是工作内容的一部分——劝告自己"这需要用正确方式来实现，而现在实现它的正确方式，就是休息一会稍后再继续"。这其实也是在正确地履行你的工作职责，在将项目引向成功。

　　最重要的是，你需要坚定不移地相信自己有能力以正确方式解决问题。

　　　　　　　　　　　　　　　　　　　　　　　　　　——Max

成为明星程序员的独特秘密

在继续谈论所有的软件设计原则、开发软件的目标和软件设计本身的科学之前，有一个不得不提的决定软件开发者是成功还是失败的独特秘密：

> 越是理解你正在做的事情，就越是能把它做好。

"明星"程序员比一般或者平庸的程序员更透彻地理解了他们正在做的事情。仅此而已。

那些能够在一天之内掌握一门全新编程语言的高级工程师，和那些在这个行业挣扎了十年只为保住饭碗，一直按别人的设计方案编程，还因为自我提升不够而始终无法得到晋升的初级开发者之间的区别就在于此。通过它也将糟糕的程序员同优秀的程序员、优秀的程序员同伟大的程序员、伟大的程序员同那些通过精湛技艺建立起几十亿商业帝国的"明星"程序员区分了开来。

正如你所看到的，这一点也不复杂，并不是什么难以掌握的技巧。也不是需要你拥有与生俱来的某种特殊天赋或者"把代码写好的神奇能力"才能办到的事。成为杰出的程序员还是糟糕的程序员与个体的自然属性无关：

> 想要成为一名杰出的程序员，你所要做的仅仅是完完全全地理解你正在做的事情。

或许有些人会告诉你他们已经掌握了所有的知识。你可以通过观察他们能否将他所理解的内容应用到实际工作中，来检测他们的说法正确与否。他们能否构建出一个易于维护并具有优雅架构的系统？他们是否能比大多数程序员更有效率地解决问题？在被寻求帮助时，他们是否能用浅显易懂的概念清晰地解释清楚？如果以上都能做到，那么他们确实是杰出的程序员，并且的确对领域内的知识了如指掌。

但是，与相信自己"对一切了如指掌"相距甚远的是，许多程序员（包括我在内）常常感觉自己身处于浩瀚无垠的信息海洋里，受困在一场史诗级战争中。有太多东西需要知道，以至于哪怕穷极一生致力于学习研究，可能依然只了解了 90% 的计算机知识。

> 这场史诗级战争中的神秘武器，击败计算机知识的王者之剑，就是对你所学习到的知识的理解。

越是理解所处领域的底层知识，学习高级别的知识就越容易。越是理解当前级别的知识，学习下一个级别的知识就越容易，以此类推总是成立的。如果你自认为对某一门学科内从基础到高深的知识要点都统统掌握了，那不妨选择从头开始温习一遍，相信你会惊奇地发现在底层还有如此多的东西需要学习。

这听上去简单得难以置信，但事实就是如此。成为杰出程序员的必经之路就是保证对知识完全和完整的理解，从对基础知识的深刻掌握，到对大多数先进概念的扎实了解都必不可少。

我不想骗你，有时候这条路走起来非常漫长。但它是值得的。在道路的尽头，你或许会发现自己突然成长为了一位了不起的高级工程师，人人都会来向你征求意见。或者你会成为被所有同行钦羡的无往不利的神奇程序员。又或者你会造就一款价值数百万美元，并且取得难以置信的成功的"明星"级产品，谁知道呢？

我无法告诉你应该做些什么或者应该成为什么样的人。我只能将一些我发现的有效且有价值的信息分享给你。应该怎么做依然取决于你自己。

——Max

两句话总结软件设计原则

软件设计的主要原则可以浓缩为两句话：

1. 减少维护成本比减少实现成本更重要。
2. 系统的维护成本与系统的复杂度正相关。

这大概就是设计原则的全部了。

哪怕你只知道上面两条软件设计原则，也完全可以根据它们推导出软件开发中其他所有的普适原则。

——Max

第二部分 *Part 2*

软件的复杂性和它的起因

复杂性的蛛丝马迹

你可以利用以下特征来辨别代码是否过于复杂了：

1. 需要添加"黑客代码（hack）"来保证功能的正常运行。
2. 总是有其他开发者询问代码的某部分是如何工作的。
3. 总是有其他开发者因为误用了你的代码而导致出现 bug。
4. 即使是有经验的开发者也无法立即读懂某行代码。
5. 你害怕修改这一部分代码。
6. 管理层认真考虑雇用一个以上的开发人员来处理一个类或文件。
7. 很难搞清楚应该如何增加新功能。
8. 如何在这部分代码中实现某些东西常常会引起开发者之间的争论。
9. 人们常常对这部分代码做完全没有必要的修改，这通常在代码评审时，或者在变更被合并进入主干分支后才被发现。

——Max

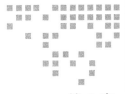

第 6 章　Chapter 6

创造复杂性的方法之一：
违反你承诺过的 API 约定

API 是某种形式的承诺："你可以放心地完全按照我们描述的方式和我们的程序进行交互。"可一旦你的产品发布了新版本，并且在新版本中不再支持旧版本 API，那就意味着你违反了这种承诺。

> 在模糊的哲学理论或道德范畴之外来看这件事，这种做法带来的技术层面问题是：它给软件增添了复杂性。

曾几何时你的 API 用户只需要调用一个简单函数就能完成工作，而现在他们需要对你的应用进行版本检测，并依据检测结果调用两个不同函数中的其中一个。为了同时兼顾新版本函数，他们必须采用和之前完全不同的方式来向函数传递参数，导致代码的复杂性被无辜地加倍了。如果你改变的函数数量过多，为了适应全新 API 的工作方式他们可能需要将整个应用重写！

如果你频繁地打破 API 约定，那么他们的代码为了适配也只能变得越来越复杂。唯一的额外选项就是让他们的产品不再与你的旧版本产品兼容。因为对于用户和系统管理员来说始终设法保证两者之间的同步是一项极其困难的工作。想象一下如果你系统中的某款软件突然宣布不再支持与其他软件交互所用的 API 协议，这棘手的情况

15

会让你多么地焦头烂额。

即便对于你个人来说，维护旧 API 也是痛苦的，摆脱它能够使工作轻松不少。但我们在这里谈论的复杂性并非针对你，而是针对其他程序员。

避免这个问题的最佳方案是不要发布糟糕的 API。或者（从用户的角度上看）更恰当的是，在承诺会始终维护旧版 API 的同时，以其他方式提供可被访问的全新 API。举个例子，如果你想要访问 salesforce.com 某些旧版本的 API，只需要在和程序交互时使用不同的 URL 即可。而每一次在和 Salesforce API 进行交互时，URL 事实上都为你间接地明确指定了你希望使用的 API 的版本是什么。这套方案在那种对产品发布进行集中管理的应用程序（例如 salesforce.com）上实施起来会比较容易，在另一类需要进行分发安装的应用程序上实现较为困难，因为分发式应用程序需要考虑代码容量及其他的问题。如果你只拥有一只小规模的开发团队，那么维护旧 API 会显得非常吃力，因为维护这件事需要花费非常多的时间和注意力。

无论在什么情况下，对外发布一组极不稳定或是设计拙劣的 API，要么会让你的工作变得复杂（因为你需要永远保证向后兼容），要么会让你 API 用户的工作变得复杂（因为他们为了能同时兼顾"好"版本和"坏"版本的 API 而不得不修改所有的应用）。

如果你选择违背 API 约定并且决定不再向后兼容，请别忘了当中的一些 API 用户永远不会为了适配新的 API 而更新他们的产品。或许他们只是没有足够的时间和资源来更新他们的代码。或许他们在使用第三方工具来和你的产品进行交互，但是第三方工具的维护者已经不再提供更新了。无论是哪种情况，如果他们修复代码的成本高于适配你的新产品而带来的收益，他们就会依然选择使用你的旧版本产品，甚至永远用下去。

这样会带来许多无法预见的后果。首先他们接下来的所有开发工作都会围绕着你产品的旧版本进行。其次为了保证旧版本产品的正常工作，他们不得不使用某些旧版本的系统类库。又因为你的产品无法工作在新的操作系统上工作，导致他们无法对操作系统进行升级。鉴于此时操作系统和旧版本产品间接绑定在了一起，那么当旧操作系统出现了一些没有修复的安全漏洞时，他们该怎么办？又或者当旧版本产品上出现了一些安全问题时，他们又该如何是好呢？当你选择打破你的 API 约定时，你需要对所有的这些情况负责。

还没完，即使你从一开始不提供 API，也会带来相同的结果。为了设法能够和你的系统进行交互，开发者们会创建疯狂的"黑客代码"，同样因为黑客技术无法工作在新版本系统上，所以他们也无法对操作系统进行升级。但这种情况不像违背 API 约定那么糟糕，因为你从没有对这些黑客技术做出任何承诺。任何人都不应该对这类黑客方案能够长久工作下去抱有期望。

但如果公司管理层命令他们必须将自家产品和你的产品进行集成，这些聪明的家伙也总能想到办法的，即使只能和某个特定的版本集成。

所以在研发资源充裕的情况下话还是应该对外提供一组可供访问的 API。但是在实现之前请务必对 API 进行精心设计。你可以在正式发布之前自己多尝试使用看看。还可以细心地对你的用户进行调研并且发掘他们究竟会如何使用你的 API。总的来说，在发布之前就需要尽你的全部所能来保证 API 的稳定。在未来你需要投入多少年精力来维护 API 并不重要，重要的是在发布之前采取一些明智的手段来了解 API 在现实场景里应该如何工作。

API 一旦发布成功，如果条件允许的话，拜托请千万不要违背你的 API 约定。

——Max

什么时候不值得向后兼容

本篇标题似乎和前一篇内容相互矛盾……当然，如果条件允许的话，你确实不应该违背 API 约定。但有的时候保证应用程序的每一个组件都向后兼容会导致收益递减。这个原理不仅对 API 适用，对整个程序也同样适用。

因为向后兼容而引发问题的最好例子就是 Perl 编程语言。如果你阅读过发送给那些对 Perl 5 核心开发感兴趣的开发者的邮件列表摘要，又或者你大致了解 Perl 技术内幕的相关历史，你应该知道我想要说什么。

Perl 这门编程语言充斥着对于那些，真的不应该有人再去使用的奇怪语法的支持。举个例子，在 Perl 中，你本应该用类似于 $object->method() 的方式调用对象上的方法。但是也同时存在一种称为"间接对象语法"的概念，借助它你可以编写 method $object 这样的语句来达到同样效果。注意别把它和 method($object) 混淆了——前者不带括号的用法才是间接对象语法。

说真的，没有人应该继续使用那种语法，并且以正确的方式修复程序中调用方法的地方也不是难事。但为了保证向后兼容，该语法在 Perl 二进制包中一直受到支持并被维护着。

因为各种历史遗留问题 Perl 充斥着像上面这样阻碍向前发展的种种障碍。

显而易见的是这是权衡利弊之后的结果。当不计其数的人都在这么使用，并且对他们来说改变习惯非常困难的话，结果就是很大程度就不得不保证向后兼容。但如果维持向后兼容这件事确实阻碍了技术向前发展，那么你就需要警告人们这些"老掉牙的玩意"应该消失，并且是时候对它们说再见了。

> 你的另一个选择是无节制的向后兼容并且不再向前发展，这意味着对你的产品判了死刑。

这很好地说明了为什么你不应该漫无目的地给你的程序添加功能。因为总有一天你需要为这些你开发的"尽管没有什么用但加上去很方便"的功能提供向后兼容的支持。这是在添加新功能时需要慎重考虑的一点——既然这个特性已经存在于你的系统中了，那么你打算永远把它维护下去吗？答案是：你很可能需要。

如果你从来没有维护过多人使用的大型系统，你可能对以下两点没有概念：

1. 你不支持向后兼容的决定会导致多少用户遭殃。
2. 如果持续向后兼容你会把自己搞得多狼狈。

理想的解决方案是：如果你不想在许许多多的后续版本中支持这些功能，那么当下就不要添加它们。有时候需要丰富的编程经验才能有效地做出这样的决策，但你可以从这个功能的角度思考："它真的这么实用吗，以至于值得我在未来的三到四年里在它上面花费至少 10 小时的开发时间？"这种用于评估应该花费多少精力在某件事物上的方法适用于万事万物，包括向后兼容、质量保证，甚至对评审极小的功能也同样成立。

一旦你拥有了一个功能，就意味着维护它的向后兼容性将会是日后的绝大部分工作。Bugzilla 是我曾经参与开发过的一个产品。在 2014 年它依然支持从 2.8 版本升级到最新版本——要知道 2.8 版本发布于 1999 年。它之所以能做到跨多个版本升级，是因为我们编写升级程序的方式是建立在不维护旧升级程序的基础上的，这也意味着我们向后兼容的成本是零。随着时间推移，我们只为新版本的 Bugzilla 添加新的代码，而几乎从来不修改旧代码。像这样零成本的向后兼容是我们期望一直持续下去的。

> 你应该认真考虑放弃向后兼容的唯一时机是，当它在妨碍你添加明显实用且重要的新功能的时候。

如果这种情况确实发生了，那么你就需要放弃向后兼容了。

——Max

第 8 章 *Chapter 8*

复杂是牢笼

有时候我认为人们会担心他们的代码过于简单了，因为这样会导致：

a. 他们没法通过某种方式向他们的经理展示出他们有多么地聪明，或多么地有价值。

b. 项目会看上去变得简单许多，似乎任何人都可以替换他们并偷走他们的工作！

这听上去就好像恰恰是因为他们正确地完成了工作，才失去了工作。从这个角度看来上面的观点显然是荒谬的。但是如果你曾经有过这些顾虑，还有些事你同时需要考虑：

> 如果因为你的代码太复杂了，导致你无法辞去当前的工作怎么办？

如果你编写的代码如此复杂以至于没有人能理解它怎么办？好吧，结果就是你个人会被永远地束缚在这个项目上面。如果你有换到公司内部其他项目上工作的打算，首先你的经理们就会表示反对："但是之后谁能来维护这份代码呢？"即使在你成功离开之后，接替你工作在你代码上的人还是会时常走进你的办公室然后问道："你好，请问这部分代码是如何工作的？"

23

你可以在把代码交接给一些绝望着接替你的人之后义无反顾地离开公司，也许你良心上并不会对此过意不去。不管怎么说，我猜当绝大多数人断定没有其他人能成功接替他手头的工作之后，自然会感受到一种被项目束缚的感觉。真实的情况差不多也是如此，即使你真的一走了之，还是会有人打电话给你："呃，你好，你知道有一部分代码……"你还会收到来自"新同事"的邮件："你好，我听说是你编写的这段代码，现在遇到一个问题……"如果你不能确保每个人都能读懂你的代码并且真正地接手他们，你就会和这份工作永远纠缠下去。

在 Bugzilla 项目中，我会尽我所能地把自己从工作中解脱出来。我热爱 Bugzilla 这份工作，但是我不希望我生活中的每时每刻都和它绑定在一起。有时我想要度假。我甚至还打算写歌呢！

我希望能够做到即使我一个月的时间都不碰电脑，全世界也能照常运转。所以我致力于将 Bugzilla 编写的足够简单并设计得足够精巧，寄希望于有一天其他人能接手我工作的部分。我内心希望到时候我就能在 Bugzilla 的其他方向找些活干，或者专心工作在我手头上的其他一些编程项目上，又或者我要制作一张专辑！谁知道呢！

| 我知道我不想被自己的代码束缚。

如果工作带来的安全感对你来说如此重要，以至于为了获得一份工作你愿意将自己永远和它束缚在一起，那么或许你应该重新考虑生活的重心究竟在哪里！除此之外，当你在为你的项目做决定时，请牢记一件事：

| 复杂是牢笼，简单是自由。

——Max

第三部分 *Part 3*

简约与软件设计

第 9 章　Chapter 9

设计要从头抓起

你需要从一开始就着手于软件设计，应该从立项之初就致力于将架构设计得简约明了。

> 对于我全权负责的项目，我们的开发策略是，除非架构设计支持轻松地将该功能实现，否则我们绝不允许新增该功能。

这会让有些人抓狂，特别是对那些无法对未来做出判断的人而言更是如此。他们会开始口若悬河地唠叨："我们等不及了！这个功能非常重要！"又或者是："现在只管把它加进来就好了，完事之后我们会把代码整理重构的！"他们从没意识到他们的态度一向如此。等到下一次需要添加另一个功能有求于我们时，他们还会说出同样的话。

> 如果你不考虑未来，那么你的所有代码都会陷入糟糕的设计和极度的复杂之中。

最终代码看上去就如弗兰肯斯坦的怪物⊖一般丑陋，好比由残肢断臂拼凑在一

⊖　英国女作家 Mary Shelley 所著小说《科学怪人》中的角色，是一具由坟场尸块拼凑而成，通过电击赋予生命的人造生命体。——译者注

起。代码犹如那个善良的绿色巨人一样,巨大、丑陋、难以捉摸,还会对你身心造成伤害。

如果只是新增很少的功能,并稍后将它重构的话就不太有可能出现这种问题。但如果空降一个架构无法支撑的大型功能,还计划在完成之后尝试整理代码,那这将会是一项艰难的任务。所以说功能的体量很重要。

以正确的方式开始

最糟糕的情况是,在你允许人们在几个月或几年内不经过提前设计就往代码中新增功能,然后有一天你幡然醒悟并意识到系统有可能撑不住了。此时你唯一的选择只能是修复整个代码库。这注定会是一项艰巨的任务,因为就像新增功能一样,它无法一气呵成,除非你想要重写整个应用。

如果你想要开始以正确的方式行事,那么你必须以正确的方式立即行动起来。为了解决当下的问题,你必须将整个流程拆分为简单的步骤,并逐步对设计中存在的缺陷予以修复。这通常需要数月甚至数年的工作投入——简直就是浪费。因为你本应该从一开始就将架构设计好,这样的话这些问题从根本上就可以避免。你应该事先把目光放长远一些。

> 如果你的项目缺乏严格的架构设计,并且它的体量还一直在持续增长,那么终有一天超乎你想象的复杂性会让你束手无策。

这并不意味着你从一开始就需要设计能够满足未来所有需求的大型通用架构,并且现在就实现它。上述观点想表达的是,你需要在工作学习中应用本书和《简约之美》中讨论的那些软件设计原则,这样从一开始你就会拥有一个可理解的、简约的并且具有可维护性的系统。

——Max

预测未来的准确度

在软件设计领域中，我们都同意对未来做出适当的判断非常重要。但我们也知道未来是很难预测的。

我认为我已经想到了一个理论，恰好能用于解释为什么预测软件的未来如此困难。

这个理论的基础版本是：

> 预测未来的准确度，会随着系统复杂性和预测点距今时间跨度的增加而降低。

也就是说随着系统变得越来越复杂，你只能以有限的准确度预测短时间范围内的未来。反之随着系统变得越发简单，你越能以高准确度预测较远的未来。

举个例子，预测"Hello World"程序在遥远未来的行为非常简单。当你在未来某个时刻运行它时，它很大程度上会继续打印出"Hello World"。请记住这类预测的结果是不确定的——它表达的是你预测未来发生这种情况的概率有多大。你可以肯定地说有 99% 的概率在两天之后它依然会以和今天相同的方式继续工作，但是依然存在 1% 的概率不会。

但是当时间跨度到达一定程度之后，甚至"Hello World"的行为也变得难以预测。举个例子，2000 年用 Python 2.0 编写的"Hello World"代码如下：

```
print "Hello, World!"
```

但是如果你现在尝试在 Python 3 中运行它，它会提示语法错误。因为在 Python 3 中它的代码语法是：

```
print("Hello, World!")
```

你在 2000 年的时候没法预测这件事的发生，即使你预测成功了也没法为此做些什么。为了应对类似的情况，你唯一的希望就是保证系统架构足够简单，便于你轻松地将旧语法替换为新语法。注意这里对系统架构的要求不是"灵活"，也不是"通用"，而是简单到易于理解和修改。

在现实工作中，存在一种基于以上准则扩展之后的逻辑先后关系：

1. 预测未来的难度会随着系统和被预测功能所处环境内，所有修改之处数量总和的增长而增加。（注意，环境带来的影响与它和系统的逻辑距离成反比。如果你的系统与汽车有关，那么对引擎的修改可能会给系统带来非常大的影响，但是对环境内某棵苹果树的修改带来的影响则微乎其微。）

2. 系统需要经受的修改与系统的整体复杂性相关。

3. 所以：预测变困难的速率会与被预测行为所属系统的复杂性成正比。

尽管有这条准则的存在，但想我要告诫你的是，不要想当然地依据你认为将来会发生的事情做出设计决策。请记住所有这些即将发生的事情都存在发生的概率，无论预测多少次都存在出错的可能。

当我们只关注当下，关注我们已有的数据，关注我们现有的软件系统，相比预测我们的软件在未来何去何从，我们更容易做出正确的决定。大部分在软件设计中犯下的错误来自假设未来需要做些什么（或者完全不需要做些什么）。

当你发现随着时间的推移，软件的某些代码变得难以修改时，这条规则会带给你帮助。你永远无法完全避免代码被修改，但如果你的软件简化到傻瓜都能理解的地步，那么修改的可能性就会大大降低。虽然它可能依旧会在软件质量和实用性方面逐渐衰退（因为你没有即时追随环境的变化对它进行修改），但是它衰退的速率远比复杂的时候要慢。

在当今理想情况下，我们可以在任何我们希望的时刻对软件进行升级。这是互联网带来的巨大红利之一，也就是说我们能够在不去邀请某人确认"升级"的情况下，实时地升级我们的网络应用和站点。但这并不是对所有平台而言都成立。有时候我们需要编写会很少被修改，但又能够夜以继日工作十年以上的代码（比如 API）。在这种情况下，如果我们希望它在遥远的未来依然能够持续工作，唯一的希望就是把它实现得足够简单。否则我们就是在为未来的用户创造糟糕的用户体验，最终导致系统变得过时、失败和混乱。

这其中有趣的一点是，编写简单的软件比编写复杂的软件花费的功夫更少。虽然有时需要加入额外的思考，但总体来说需要的时间和投入会更少。所以尽可能保证架构的合理简约，就是在为我们自己取得一场胜利、为我们的用户取得一场胜利、为未来取得一场胜利。

——Max

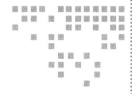

简约与严格

一个普适的原则是：

> 你的应用程序对编码要求越是严格，就越易于编写。

举一个例子，想象一个应用程序只接受数字 1 和 2 作为输入，并且除此之外的任何其他形式的输入都被统统禁止。那么即使发生在输入时的小小变化，比如在 "1" 之前或者之后增加一个空格都会引起程序的报错。这样的程序在被称为非常 "严格" 的同时也极易编写。你需要做的仅仅是校验："他们输入的究竟是 1 还是 2？如果都不是，则报错。"

然而在大多数情况下，如此严格的程序显得不切实际。如果用户不了解你期望他们输入的格式，又或者如果他们在输入数字时不小心敲击了空格或者其他的字符按键，程序会拒绝 "执行他们的意图" 而给用户带来挫败感。

上述就是需要在简约（严格）和可用性之间进行取舍的典型场景。并非所有的严格之处都需要进行取舍，但大多数地方无法避免。如果我允许用户同时以 1，One，或者 "1" 作为输入，那意味着程序增加了对用户行为的容错空间，并且让他们的工作变得简单了许多，但是同样也给我们的程序增加更多的代码和复杂性。没那么严格的程序会比严格的程序占用更多的代码，这也是复杂性的直接来源。

> 顺便说一句，如果你正在为程序员编写框架或者是编程语言，你的最佳选项应该是让用户接口"不那么严格"，甚至是尽可能地简约，这样就不必在可用性和复杂性之间权衡了，让开发者同时感受到两个世界的美好。

当然，从另一方面来说，如果我继续允许用户输入O1n1e1，并且把它依然认作是"1"来接收，那么这种行为无疑又为我们的代码增加不必要的复杂性。我们必须比这再严格一些。

严格这个词大部分时候意味着你给用户的输入设置了一份白名单，就像上面的例子一样。但我认为在有些应用中，你还可以对输出做出严格的限制：输出通常需要迎合一类特殊并具体的标准。但是通常来说，你能接收什么样的输入以及什么样的输入会引发错误，这两件事会显得更重要。

或许最知名的与严格有关的灾难就是HTML。正因为它从一开就被设计成不那么严格，在经过几年的普及之后，导致处理它的兼容性问题成为浏览器设计人员的噩梦。当然它最终还是被标准化了，但那个时期的大部分的HTML代码阅读起来依然会令人抓狂，现在这种现象还是存在。因为它从一开始就不够严格，所以现在没有人敢打破向后兼容并将它变得严格。

有人争辩到恰恰是因为HTML的不严格才让它变得普及起来。如果浏览器因为无法接受无效的HTML语法而总是报错，那么可能人们就不会再使用HTML了。

这显然是一个荒谬的观点。想象餐馆里的服务生从来不会答复客人"噢，我们没有那道菜"。那么当我想点一份"新鲜鸡肉沙拉"时我可能会得到一只活生生的鸡，因为那是"最接近我所点的一道菜"了。我肯定会被这家餐馆气到无语。同样的道理，如果当我告诉浏览器去做些什么时，在不知道如何响应的情况下，它不仅不会报错还反而去猜测我的意图，我一样也会很沮丧。这会导致我很难排查为什么页面"看上去不对"。

所以为什么浏览器不直接告诉我哪里做错了，这能让我的生活更轻松，不是吗？

好吧，是因为 HTML 如此的不严格，以至于浏览器根本无法判断我是否已经犯下了错！它会接着工作并且呈上一份不带莴笋的活生生的鸡给我。

诚然我知道在当下你不可能在不"颠覆互联网标准"的情况下收紧对 HTML 的严格约束。在这里我想强调的是，我们之所以陷入现在的困境中，是因为 HTML 不够严格的规范标准造成的。我们并不是说哪怕在完全不具备条件的情况下，也应该突然强制对它予以约束。（现在小步稳健的收紧策略是正确的。）

总而言之，我坚持认为计算机永远不应该"猜测"或者说"尽全力满足"用户的输入。由此引入的噩梦般的复杂性会导致程序极易失控。猜测唯一能恰如其分发挥功效的地方是内置于类似于谷歌网站的拼写建议功能中。它提供你做事情的选项，但不会一股脑地基于猜测的结果去完成工作。这也是我在谈论严格时想强调的另一个方面，输入要么是对要么是错，不存在"也许"这种情况。如果一个输入有可能包含多层含义，要么你应该为用户提供选项，要么直接报错。

> 在计算机世界中人们从一开始就应该对很多事物做出严格的限制，正是因为这类约束的缺失，导致这些事物现在看上去复杂得有些可笑。

现在有些类型的应用没法再严格起来了。例如需要以人类语音作为指令输入的设备就无法对人们说话的声音太作苛求，否则它们就无法正常工作了。但是这类应用是例外。键盘是具有高准确度的输入设备，鼠标稍差一些但是依然不赖。你可以将来自这些设备的输入内容限定在某些格式内，只要这样的要求不会给用户的工作带来太多阻碍。

当然，对可用性的关注依然重要。毕竟，电脑是帮助人类完成工作的。但是你没有必要为了可用而兼容普天之下的所有可能发生的输入。那会导致你陷入复杂性的迷宫之中，如果你义无反顾地打算继续这么做，祝你早日找到迷宫的出口。可你要知道他们从来不会严格按照标准化的方式制作迷宫的地图。

——Max

两遍已太多

当我在做增量开发和软件设计时，我个人会遵从一条关键原则，我称之为"两遍已太多"。

这条原则描述的是我如何在实际工作中落地另一条原则，也就是我在《简约之美》中所说的"代码只在必要时才需要通用"。

> 我留意到自己通常在剪切粘贴代码之际，会转而尝试设计通用方案来解决这两个操作背后的实际需求。这意味着本质上我对代码需要达到的通用程度是非常了解的。

一旦我意识到自己正打算将同一份功能实现两遍时，就会开始执行这个步骤。举个例子，假设我正在开发音频录制功能，在项目之初我只打算支持 WAV 文件格式。随后我又想往代码中添加针对 MP3 格式的转化逻辑。那么很显然在 WAV 和 MP3 的转化代码中存在共用逻辑部分，此时我不会复制粘贴其中的任何一段代码，而是会立即创建一个父类或者是工具类库，并将两种实现的交集部分置于其中。

该原则中**至关重要**的一点是立即采取行动。我不允许代码中存在两种相互竞争的实现。我当下就将它们合并成了一个通用解决方案。另一个**重点**是我不会把它抽象得过于通用——抽象之后的解决方案只支持 WAV 和 MP3 格式，并不会以其他方式支持额外的音频格式。

基于"两遍已太多"原则我们能进一步推导出：

> 理想情况下，开发者修改某处代码的方式不应该与修改另一处代码的方式近似甚至相同。

这也就是说，开发者不应该在修改 B 类时必须"记得"去修改 A 类。他们也没有必要知道如果常量 X 发生了变化，Y 文件也需要更新。换句话说，不仅两种实现会带来糟糕的开发体验，两个文件位置也会。虽然系统内的重复代码并非总能被合并且共享，但这应该是我们解决问题的方向。

当然，"两遍已太多"中最浅显的含义实属那条经典原则："不要重复你自己。"所以不要用两个常量表示同一件事情，不要定义两个函数来干同一件事情，等等。

这条规则在其他方面也同样适用。总而言之思路是，当你发现对于单个概念存在两套实现方案时，你应该想办法将它们合并为单个解决方案。

重构

在重构代码时，这条原则能够帮助你找到代码中值得改善的地方，并且能给予你一些重构方向的提示。例如在你发现系统中存在逻辑重复的地方时，你应该尝试将他们合并在一起。当另一处重复逻辑再次出现时，继续将该处合并到刚刚的通用逻辑中，如此重复执行。

也就是说如果有太多的代码需要进行合并，你可以按照对每两处执行一次合并的方式进行增量重构。采取什么样的方式并不重要，只要合并的工作确实能够让系统变得简单就好（易于理解和维护）。有时候你需要判断以什么样的顺序将这些代码合并是最有效的，但是如果你无法判断出来也不用担心——直接对每两处执行一次合并就好了，船到桥头自然直，通常重构的所有问题最后都会迎刃而解。

千万不要将不应该被合并的逻辑放在一起。将两种不同的实现合并在一起常常会给系统创造更多的复杂性，或者导致代码违反了**单一职责原则**，这条原则告诉我们：任意给定的模块、类或者函数在系统中应该只表示单一的概念。

举个例子，如果你系统中用于代表车和人的代码有轻微的相似之处，请不要通过把他们合并为"车人"类来解决这个"问题"。这样并不会降低复杂性，因为车和人的确是两类不同的事物，并且应该由两个独立的类来表示。

"两遍已太多"并不是一则简单粗暴的通用定理。它更类似于在增量开发时，指导我做出设计决策的参考标准。但同时它对重构遗留系统、开发新系统或者只是提升代码的简约性也非常有效。

——Max

第 13 章　*Chapter 13*

健壮的软件设计

我想到了一个类比，通过这个类比每个人都能学习到与软件设计有关的基本原则。我这个类比的独到优势在于，它囊括了你所需要了解的关于软件设计的一切知识原理。

想象你自己正在用铅条建造一座单体建筑。最终的建筑结构如下所示：

在建造完成后你可以把建筑放置于某处，它或多或少总能在某些方面派上些用场。

铅条代表的是软件中的独立组件。将建筑放置于某处类似于把软件部署在产品环境中（又或者是把它发送给你的用户）。如果你仔细思考的话不难发现，一切在建造过程中产生的有关概念也能在软件开发中对应找到。尽管你没有必要在当下阅读这段文字的时候，立即在脑海中把它们相互关联起来。假如你现在能对整个建造流程稍做想象的话，所有相关的概念都会变得清晰起来。

错误的方式

假设所有工作都需要你只身一人完成，甚至你还需要亲自制作铅条原材料。在这个前提下一类错误的建造方式大致如此：

1. 制作一根长款铅条，然后将它平放在车间的地上：

2. 在长铅条中钻一个孔，并测量这个孔的尺寸。
3. 制作另一根铅条，并且保证它刚好能穿过这个孔。

————

4. 让新铅条穿过旧铅条的孔，然后将它们焊接在一起：

5. 在横向铅条上钻两个孔，测量它们的尺寸，然后制作两条能各自穿过这两个孔的铅条：

6. 将这两条铅条沿着孔插入横向铅条中，然后将它们焊接在一起：

7. 借助铲车将它放置于卡车中，并把它运送到目的地（因为它太重了所以你一个人没法移动它）。

8. 通过滑轮装置将它吊起，并且以垂直向上的方式放置于地面上。

9. 此时你会发现它自己没法独自垂直站立，但是你可以在它旁边放置一些依靠物作为临时解决方案，用来防止它跌落：

10. 三天之后你发现建筑物跌落摔坏了，看来临时的倚靠物体并不是长久的解决方案。

11. 不幸的是横向铅条已经部分断裂，你必须要修好它。但难点在于因为所有的铅条已经被焊接在一起了，所以无法轻易地把损坏的那根抽离出来并把它替换掉。现在要么重新建造一座新的建筑体，要么把损坏铅条的破损部分焊接修复好。将已经破损部分重新焊接起来注定会留下修复的痕迹，但这么做的成本也还是比建造新建筑低不少，所以我们还是选择焊接修复而不是从头再来。

12. 继续在建筑周围放置更坚固倚靠物保证它屹立不倒。

13. 经过一周坏天气的折磨后，焊接好的铅条早已摇摇欲坠，再一次用焊接的方式将它们修复。

14. 在六天的时间内眼看着建筑物再一次跌倒，毕竟倚靠物并不是一劳永逸的解决方案。

15. 重复最后几步直到你将所有的时间或者金钱消耗殆尽。

对错误的方式进行分析

上面的流程中有什么可取之处吗？好吧，至少我们看到独立个人也可以从无到有地仅凭一己之力将建筑建造完成。对应到软件开发中，等同于某人"写了一些能够成功运行的代码"。如果他还是个热爱工作的家伙的话，相信这也让他的工作内容充实了许多。

不好的部分有哪些呢？

❑ 所有的铅条必须按顺序独立定做。

❑ 建筑完成之后（那个没法单独直立的玩意）可能存在的问题，只有在它被建造出来并且运送至在目的地之后才能被发现。

❑ 当问题被发现时，只是被"紧急修复"了而已，没有长远规划如何避免灾难再次发生。

❑ 花费了巨大的成本将建筑转移到指定地点。

❑ 想要中途改变铅条配置是根本不可能做到的，因为它们已经被焊接在一起了。只能重新来过。

❑ 需要频繁对完成后的建筑加以留意，以防跌落。

我很肯定当中还存在不少问题，哪怕花上一整天的时间对整个类比继续分析下去都不嫌多。

总结

错误处理方式的最大问题在于，它根本无法适用于多人同时工作在这个项目上（对应于现实世界中真实的软件项目）。其中最主要的矛盾是，在锻造铅条之前你必须测量出所有孔的尺寸，所有这些工作必须由一个人按照顺序完成。

通常有两个办法解决这个问题：

1. 在开始制作铅条之前撰写一份包含全部孔尺寸的规格文档，然后再将每一种尺寸的孔所对应铅条的制作工作分配下去。

这种方法的缺陷在于需要单个人编写整个规格文档，如果项目庞大的话（想象有成千上万个孔）这项工作会耗费大量的时间。并且在规格文档完成之前团队中的其他成员都无法开始工作。完成之后文档中可能充斥着各种错误——只要孔存在，出错的概率就存在，孔的数量越多，出错的概率就越大。

2. 假设"铅条上所有孔的尺寸都相同并且位置分布一致。铅条能通过螺丝拼装在一起"。那么每个人就能依照标准的孔尺寸制作铅条（或者从商店里购买它们）。

这会让工作变得容易起来，还能允许大家并行工作。但因为你已经将铅条标准化了，你也丧失了灵活处理特殊情况的能力（也许半个尺寸的孔在某些时候更有用）。

无论如何你还是应该使用标准孔来建造建筑，那样会避免很多问题。有了标准之后，在技术规格上做一些额外的妥协，会比没有标准的时候更容易。

这个方法的重要前提是，你应该做些适当的研究来决定好的孔和好的铅条应该是什么样的。

以上并没有解决错误方式中存在的所有问题，但是它开始将我们拉向用正确方式解决问题的正轨。

正确的方式

所以在使用标准化铅条的前提下，多人并行工作的流程是什么样子？（这个流程也适用于其他产品的制造。）

1. 首先让团队中的成员制作（或者购买）标准化的独立铅条，这一步骤允许多人同时进行。

2. 人们需要对他们制作的铅条进行测试，以确保它们不会轻易损坏。

3. 人们将他们的独立铅条运往建筑所在地。

4. 把第一根铅条放在地上，直立向上：

|

5. 从各个角度尝试推动第一根铅条，看它是否会倒下。

6. 用螺丝将第二根铅条固定在第一根上：

|
|

7. 对建筑进行测试，发现它自己没法独自站稳。

8. 将牢不可破的钢索固定在建筑的两侧，类似于：

/|\
/ | \

这些钢索在任何环境下都应该是坚不可摧的。

9. 再对整个建筑进行测试，确认无论你用多大力气推动它，它都屹立不倒。

10. 添加第三根铅条，同时也放置新的钢索，像这样：

/|\
///|\\
// | \\

11. 移除底部的钢索：

（相信任何参与过大型代码重构的人都会不约而同地觉得以上两步似曾相识。）

12. 再一次进行测试。

13. 重复这些步骤直到你将建筑完成：

14. 如果其中一根钢索在三个月内损坏了，请找出损坏的原因并且修复这个问题，将损坏钢索替换为能够适配这个孔的新钢索。保证建筑和之前一样坚固。

15. 重复以上步骤直到你不需要给予建筑额外的关注，它能够独自站立。

16. 可以按照用户对建筑的使用需求对建筑进行适当调整，调整的工作实施起来应该非常简单，因为所有孔都已经是标准化的了。

我们遵守了所有与软件设计有关的准则

❑ 我们考虑到了将来。这种思维方式贯穿在整个建造的过程当中，但只有我们把牢不可破的钢索真正地应用于固定建筑之后，才算是将这种想法付诸实践，也一并免去了我们的后顾之忧。

值得注意的是我们并没有尝试去预测未来，我们只是雷打不动般按照应该遵守的原则行事，最终建筑也就很轻松地建造完成了。

❑ 为了便于日后的重建，我们改用螺丝而不是焊接的方式对铅条进行固定。同时也在所有的铅条上放置了标准化的孔，即使我们现在可能不需要它们，但等到将来需要再添加更多的铅条时它们能派上用场。

❑ 在建造过程中的每一个步骤里，我们都保证了每次更改都是碎片化且经过测试验证的。例如创建单个铅条就是将任务拆分之后的其中一个环节，然后再通过小步骤将它们组装在一起。

❑ 我们做的最重要的一个决定，是确保整个过程足够简单。为了达成这个目标，我们让所有孔的尺寸都规范化起来，让所有操作都很简单且易于拆解。

无论你的团队只有你一个人还是有上千人，无论你的项目只有十行代码还是一千万行代码，上面的流程和准则都适用于你正在进行的软件开发。

——Max

调试代码

什么是 bug

相信绝大部分程序员都听说过这个故事：曾经真的有人在计算机里找到了一只昆虫，正是这只昆虫导致了计算机程序运行出现了错误[注]。（但真实情况是，人们在那之前就已经把程序的异常行为称为 bug 了，但因为这则故事富有趣味，所以一直被人们津津乐道。）

> 但说真的，当谈论 bug 时我们究竟谈论的是什么？

这里是关于 bug 的精确定义：

1. 程序的行为并没有符合**程序员的预期**。
2. 程序员的预期没有满足绝大部分理性用户的期望。

通常来说只要程序能够严格执行程序员给出的指令，它就可以算是处于正常工作的状态。但有时候程序员期望程序执行的行为会出乎普通用户的意料，甚至给他们带来麻烦，所以这也算是一类 bug。

其他软件功能上的不足都可以归纳到新功能需求中。如果说程序的工作状态的

㊀　理解这则故事的关键之处在于英语中 bug 也有昆虫（insect）的意思。——译者注

确与我们期望的一致，但离用户期望还有差距，则意味着它需要新"功能"。"功能"和"bug"定义之间的区别也就在这。

请注意硬件也可能产生 bug。程序员不太可能发出"让计算机爆炸"这类的指令。如果程序员编写了一段程序导致了计算机真的爆炸了，这很有可能是硬件 bug 引起的。硬件中当然可能存在某些 bug，但应该不会是如此夸张的这种。

本质上说，任何导致程序员指令没有被正确执行的故障，都可以被认为是 bug，除非程序员打算让计算机做一些它本不应该去做的事情。

举个例子，如果程序员告诉计算机去"统治整个世界"，但是它本身就不是被设计用来统治世界的，那就意味着计算机需要一个新的"统治整个世界"的功能。这也就算不上是一个 bug。

硬件

至于硬件，你应该同时考虑到硬件设计者的预期，以及大部分程序员的对于它们的期望。从这个层面上说，程序员其实是主要的"用户"，硬件设计者则是需要考虑程序员预期的人。

当然，我们也应该关心普通用户的期望，特别是针对那些普通用户会与之打交道的硬件设备，比如打印机、显示器和键盘等。

——Max

第 15 章 *Chapter 15*

bug 的源头

bug 来自哪里？我们能把所有 bug 的成因范围缩小至一个或者几个之内吗？答案是肯定的。

> bug 通常来自开发者尝试降低代码复杂性未果而产生的副作用。也有部分来自对其实简单的代码产生的误解。

除了一些拼写错误以外，我能十分肯定以上两点基本就是所有 bug 产生的根本原因，尽管我还没有进行深入的研究来证明这件事。

复杂的事物容易引起用户的误操作。想象一下一个黑色盒子，上面有上百万个没有任何标识的按钮，而其中的 16 个按钮按下之后会毁灭整个世界，那么使用这个盒子的人中注定有人会一不小心让毁灭降临。在编程中也存在类似的情况，如果你无法轻易理解编程语言的文档，或者是这门语言本身，你就或多或少存在错误使用它的可能。

说真的，就那个长满上百万个没有标识按钮的盒子而言，正确的使用方式不可能存在。你永远也不可能弄清正确的方式是什么，即使你计划阅读完 1000 页的说明书，也不一定能记住能够帮助你正确使用盒子的整套流程。同样的道理，只要你让事物变得足够复杂，人们就会倾向于用错误的而不是正确的方式使用它。如果你把 50、100 或者 1000 个这类的复杂组件拼装在一起，无论由多聪明的工程师来进行拼装，它们也永远无法正常工作。

> 所以你开始明白 bug 来自哪里了吧？你每引入一丝复杂性，开发者（这里的"开发者"甚至包括你自己）误用你的代码的概率就高一分。

一旦代码的意图和使用方法变得极不**明确**，就会让使用这份代码的人犯错。又因为你的代码和其他的代码混合在了一起，导致了开发者误用和犯错的可能性大大增加。而后这些代码又会继续和其他的代码混合，形成恶性循环。

复杂性的构成

硬件设计者将硬件制造得极为复杂的情况时常发生。所以它必须与复杂的汇编编程语言集成。而这又使得汇编语言和编译器同样复杂起来。当你遇到这种情况时，如果你不提前对程序进行精妙的设计或者全方位的测试的话，基本上无法避免 bug 的发生。只要你的设计不够完美，那么在运行的一瞬间，大量的 bug 就会涌现出来。

站在其他程序员的视角看这件事也很重要。毕竟有些事对你来说很简单，但是对其他人来说或许很复杂。

如果你想要感同身受地体验一下其他人看不懂你的代码的感受，你可以找一份你从没有使用过的类库的文档来阅读看看。

也可以找一些你从没有阅读过的代码来阅读。尝试理解整段程序而不是单行代码的含义，并且想象当你需要对它进行修改时应该从哪里入手。这些都是其他人阅读你代码时的体验。你大概注意到在阅读他人代码时，即使并不复杂的代码也足以让人产生挫败感。

现在我们考虑另一种程序员误解简单代码的情况。这也是需要额外小心的另一件事。如果你察觉到某位程序员在向你解释一段代码时叙述得牛头不对马嘴，那便意味着他应该是误解了代码中的某些内容。当然如果他正在研究的领域极其复杂，也情有可原，可能需要他读到博士学位才能完全掌握它。

这两个方面是紧密关联的。当你编写代码时，需要承担的部分职责是让将来阅读你代码的程序员理解它，并且是很轻松地就能理解。如果你确实是这么做的，但是他在阅读过程中仍然产生了严重误解——或许他根本就不明白"if"语句是什么含义。那应该就与你无关了。

假设将来那些阅读你代码的程序员，对编程的基本原理和正在使用的编程语言语法都略知一二，在这个前提下**你的职责**是写出整洁的代码。

所以最后可以总结出几条有趣的原则：

1. 你写的代码越简单，bug 就越少。
2. 你应该始终想方设法去简化程序中的代码。

——Max

确保它不会再发生

当你在解决代码中的问题时，你不应该止步于只修复问题表象。而是应该确保问题彻底消失并且**永远不会再发生**。

开发者通常在修复完问题症状之后就认为完事大吉了。确实从某种意义上说你已经修复了 bug，也没有人再抱怨了，另外还有更多积压的问题需要处理。所以为什么还要继续把精力花在已经修复完毕的问题上？现在一切都回归正常了不是吗？并非如此。

> 请记住，我们最在意的是软件的未来。

软件公司代码库之所以会陷入无法维护的失控局面，是因为他们并没有真的在解决问题，只有切实解决这些问题之后，代码的可维护性才可能好转。

这也解释了为什么有的组织内部的紊乱代码始终无法回归到一个良好的可维护状态。当他们遇到一个问题时，他们应对问题的出发点仅仅是设法让提出问题的人停止抱怨，用这种态度解决问题之后继续以同样的态度应付下一个问题。他们不会考虑引入一个框架来阻止问题的再次发生。他们也不会追溯问题发生的根本原因然后斩草除根。所以他们的代码从来没有真正地"健康"过。

这种不打算从根本上解决问题的开发模式非常普遍。结果就是许多开发者相信大型项目根本就不可能保持终身良好的架构设计，他们常说："所有的软件终将被遗弃并且被重写。"

这种说法是错误的。我职业生涯的大部分时间要么是在从无到有地设计具有可拓展性的开发代码，要么在将糟糕代码库进行重构。无论代码库多么糟糕，你总能解决它其中的各种问题。但前提是你必须了解软件设计的相关原理，拥有足够的人力，以及务必以确保它们不会再次发生的态度解决问题。

总的来说，衡量一个问题是否被真的解决的恰当标准是：

> 直到人们不需要再次对它进行关注。

绝对地做到这一点是不可能的，因为你无法预测到所有的可能性，但这条原则更多的是想提供理论上的指引而不是实际的操作指南。在大部分实际情况中，你能做到的是当下不会再有人被这个问题困扰，但是并不代表问题在未来不会再次出现。

一个确保它不会再发生的例子

假设你个人拥有一个网页，你为这个站点编写一个用于统计用户访问量的"访问计数器"功能。不料你发现了这个访问计数器的一个 bug：它的最终统计数会是实际数量的 1.5 倍。于是你有以下几个备选方案来解决这个问题：

1. 你可以忽略这个问题。

这个方案的出发点在于你的站点反响平平，所以即使计数器统计出错了也没有什么大不了的。夸张的数字还能让你的站点看上去比实际上更成功，某种意义上也算是因祸得福。

而之所以这其实是一个糟糕的方案，是因为这个问题可能会在将来引起不必要麻烦——特别是在你的站点大获成功之后。例如一些主流出版商会公布你网站的用户访问量——但它们其实并非真实数据。这样的丑闻会让你的用户不再信任你（毕竟你一早就知道这个问题但并没有解决它），导致网站的运营又一落千丈。这只是这个问题引起的能想到的麻烦之一。

2. 你可以绕过这个问题。

当你在展示访问量时，把最终数字除以 1.5 就好了。但是你并没有去探究引起问题的根本原因，这个未知原因可能又会导致上午 8 点至 11 点的访问量增长 3 倍。在将症状修复完毕一段时间后，可能流量的错误统计模式又会发生变化，导致统计数据再次出错。你可能不会轻易地注意到这个问题，因为那些绕过这个问题的代码会让排查真实原因的工作变得难上加难。

3. 调查并彻底解决这个问题。

你发现之所以上午 8 点至 11 点的访问量会增加 3 倍，是因为服务器在那个时间段会删除许多旧文件，这个操作出于某些原因会对计数器的统计产生干扰。

此时你又有了一个可以绕过问题的机会——你可以把删除文件任务禁用掉，或者减少它的执行频率。但并不算真的找到了问题发生的原因。你需要知道的是："为什么开发机上看似风马牛不相及的一件事会导致计数器出错？"

在经过更深入的调查之后，你发现如果中断计数程序然后将它重启，它会对最后一次访问再统计一遍。同时删除文件的操作占用了太多的机器资源，导致 8 点至 11 点的每一次用户访问都会引起计数器程序的两次中断。所以在那段时间内每一次的访问都被算了三遍。但实际上，根据开发机的负载不同，这个 bug 会让统计数字无上限递增（或者至少是不可预测的）。

最终你对计数器重新进行了编码设计，以确保它在被中止后统计结果也是值得信赖的，问题便迎刃而解了。

很明显上述的可选方案中，最正确的办法是刨根问底找到根本原因然后解决它。大部分开发者都相信他们在工作中的确是按照这样的方式解决问题的。但是如果你想

要确保问题不会再困扰大家，还有额外的任务需要完成。

首先人们有可能回过头对计数器程序代码进行修改，导致它又回到之前出问题的状态。很明显解决这个问题的最好办法是添加自动化测试，来确保即使程序被中止之后再次运行时功能依然是正常的。你还需要确保测试能够持续运行并且在运行失败时提醒开发者。这一步加上之后现在看上去就非常完美了，不是吗？

并不是。就算完成了这一步，还有一些未来可能存在的风险没有被考虑到。

另一个问题是你编写的测试要易于维护。如果测试难以维护，比如当开发者在修改实现代码时，测试代码也需要大量修改的话，测试代码就不免显得过于晦涩了。这会导致容易把测试代码改坏并返回错误的测试结果——这样的测试极易失效或者是被人弃用。

问题可能会再一次出现在人们的视野里。所以请确保你编写的测试代码是具有可维护性的（可以参见第 32 章中的内容），或者重构测试代码让它变得具有可维护性。这会迫使你开始对测试框架或者是已经集成测试的系统做调研，思考如何才能将测试代码重构得更简单。

此时你可能又会对持续集成（测试执行工具）开始感兴趣：它可靠吗？当测试运行失败时能够引起人们的注意吗？这些问题需要在深入调研之后才能得到回答。

在调研的过程中可能会引入其他需要追根溯源的问题，而这些问题又会继续引入更多有待回答的问题，并如此循环往复。你可能会发现从一个不经意的问题出发，然后锲而不舍地追溯下去，就能把整个代码库的大部分问题都挖掘出来（甚至解决完毕）。

真的有人会这么做吗？有的。虽然说这项工作起步难，但随着你解决的底层问题越来越多，剩下的工作会变得轻松，余下的问题也能更为迅速地得到解决。

深入兔子洞

除此之外，如果你富有探索精神，还可以提出更多的问题：为什么开发者会写出错误代码？bug 为什么会存在？是开发者接受的技能培训出了什么问题？还是工作的流程中存在纰漏？他们在编写代码的同时是否也应该编写测试？会不会是系统的设计缺陷导致代码难以修改？编程语言过于复杂了？他们用的类库编写的不够友好？操作系统出了什么问题？文档描述得不够清楚？

　　如果你有了关于某个问题的答案，你可以继续思考产生这个问题的根本原因又是什么，并且持续追问下去直到你所有的诱惑都已经解开。但是请小心：你并不知道这一串问题的终点在哪里，甚至整个过程会颠覆你对软件开发的看法。事实上从理论上来说，在这一套方法论下可以提出无限多的问题，并且终将让整个软件行业的根本问题得到解决。但是在这条路上要走多远还是取决于你自己。

——Max

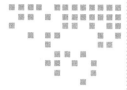

调试代码的基本哲学

有时候人们在调试代码时会感受到强烈的挫败感。因为绝大部分人在调试系统代码时，倾向于将时间花费在思索而不是追溯代码的调用上。

让我举个例子来说明我想表达的观点，假设你的服务器在运行的过程中平均有 5% 的时间无法响应用户请求的页面。对于这个问题你的第一个反应肯定是："为什么？"

你是不是会企图在第一时间思考问题出在哪？又或者你会开始猜测引起问题的原因是什么？如果你真的这么做了，也就意味着你正在以错误的方式解决问题。正确处理问题的方式应该是告诉自己：**"我不知道为什么会发生这样的问题。"**这才是成功调试代码的第一步：

> 当你开始调试代码时，请意识到其实你对答案一无所知。

人们倾向于相信冥冥中自己已经悟到了问题的答案。有时你确实能够猜对。这种情况不常发生，但是发生的频率之多，让不少人误以为猜测也是调试代码中的有效手段之一。

大部分时候，你可能会花上几个小时、几天甚至几周来猜测问题究竟出在哪里，并且尝试各种除了让代码更复杂之外毫无实际用处的修复方案。你会发现在一些代码库中充斥着仅依据猜测编写的用于修复"bug"的"解决方案"——这些所谓的"解决方案"恰恰是代码库复杂性的一大来源。

有一条有趣的原则可以作为修复代码时的友情提示。通常来说，成功对 bug 进行修复，也应该意味着系统在变得更好，比如系统变得更简单了，架构设计得到了优化，等等。我会在接下来的内容里对这个观点继续展开说明，但现在请先记住它就好。通常，bug 的最佳修复方案，会在修复问题的同时，间接地移除冗余代码，并且简化系统设计。

但是首先回到调试代码流程本身，正确的做法应该是什么？猜测是在浪费时间，设想出错原因也是浪费时间——基本上在遇到问题的第一时间内，你脑海中冒出的想法都属于无稽之谈。此时此刻你需要了解的只有两件事：

1. 记住系统正确的行为是什么。
2. 想清楚应该通过追踪哪一部分代码来收集更多的有效信息。

这才是调试代码中最重要的原则：

> 调试代码指的是在你找到问题的起因之前，持续收集信息的过程。

可以通过深入了解系统的工作原理来收集信息。以服务器无法返回页面的情况为例，或许你可以在通过查阅系统日志找到线索。又或者你可以尝试重现问题，并通过观察服务器此时的工作状态来发现蛛丝马迹。这也是为什么处理问题的人总是希望能"还原现场"（通过一系列步骤能够让你复现问题）。这样他们就能在 bug 发生时回溯出了什么样的问题。

明确 bug

有时你的首要任务是明确 bug 究竟是什么。通常用户上报的 bug 信息内容都相当有限。例如此时用户上报的一个 bug，内容是"当我加载页面时，服务器没有返回任何数据"。

这种信息远远不够。他们正在尝试加载哪个页面？他们所说的"没有返回任何数据"指的又是什么？他们看到的仅仅是空白页面而已吗？你当然可以推测用户想表达的意思，但大部分时候你的推测都是错误的。你的用户越是没有计算机相关背景，在缺乏引导的情况下他能够准确表达问题的可能性就越低。在这些情况下，除非问题十分紧急，否则我首先要做的事情就是请求用户给出更详细的出错信息，并且在我得到回复之前我不会采取任何行动。也就是说，在他们明确 bug 之前我绝不会自行尝试解决这个问题。

如果在对问题一知半解的情况下就着手尝试解决它，那么我可能会把时间都浪费在查看各种和问题无关的系统随机角落上。所以为了让时间花得更有价值我才选择等待用户的进一步反馈，并且最终当我确实拿到一份完整的 bug 报告时，我才会着手探寻 bug 背后的原因。

请注意，不要因为用户提交的 bug 信息不够丰富而迁怒于他们。虽然他们对系统的了解不如你，但并不意味着你有资格用不屑的态度鄙视他们。为了获取信息你应该直言不讳地提出问题。上报 bug 的人并非故意表现得笨手笨脚——他们只是对系统不甚了解，要知道引导他们提供正确的信息也是你的工作职责之一。如果人们总是无法提供正确的信息，你可以尝试在报错页面提供一个表单来帮助他们梳理出正确的信息有哪些。我想表达的是帮助其实是互惠的，只有你帮助了他们，他们才能反过来帮助你，这样你才更容易地解决问题。

深入系统

一旦明确 bug，接下来你就需要对系统的不同组件进行排查以找到错误原因。至于从哪些组件入手排查取决于你对系统的了解程度。通常是从日志信息、系统监控、错误消息、核心转储或者是系统其他的输出信息入手。如果系统无法为你提供这些信息，你或许需要考虑在继续排查问题之前，发布一个能够收集这些信息的新版本系统。

尽管对于只修复单个 bug 而言，这看上去似乎需要耗费不少的工作量，但相比你在系统内毫无目的地碰运气来猜测问题的原因，发布能够提供有效信息的新版本系统还是能够提升不少效率的。这也是支撑快速发布、频繁发布实践的有力论点：发布新版本的频率越高，你收集到的调试信息速度也就越快。有时你甚至可以定向地为遇到问题的用户发布新版本系统，这也可以作为收集信息的捷径。

还记得我上面提到过的你需要记住系统的正确行为是什么吗？这是因为还有另一条关于调试代码的原则：

> 调试代码是一类将已有数据与期望数据进行比较的行为。

当你在系统日志中看到一条信息时，这是一条普通的信息还是一条错误信息？或许信息的内容是："警告：所有数据都已丢失。"这看上去像是一个错误，但庆幸的是实际上服务器在每次问题发生时都准确地把它记录了下来。你需要意识到这是正常工作中服务器的行为。而真正需要留意的是正常工作系统中被遗漏记录的行为或输出。

同时你还要理解所有这些信息的背后含义。或许你用不上服务器默认提供的用户数据库，但这会导致你收到了一条警告日志信息——因为你故意造成了"用户信息"的缺失。

找到根本原因

你终于发现了运行系统中的某些异常行为。但你也不应该立即推断这就是问题的根本原因。举个例子，日志可能会记录："出错信息：昆虫正在蚕食所有的小甜饼。""修复"这个异常的方式之一就是删除这条日志。现在系统行为看上去正常多了不是吗？不是的——bug 依然在发生。

这个例子听上去有些愚蠢，但人们真实的行为也不会好到哪里去，他们会选择不去修复这个 bug。就像我在第 16 章说的那样，他们不会继续搜寻引起问题的根本原因。相反，他们会用一些永远遗留在代码库中的解决方法来掩盖这个 bug，并从那时起，给每个在那个代码领域工作的人带来复杂性。

仅仅指出"当你意识到找到问题的根本原因时，是当你发现修复它就解决了

bug 的时候"是不够的，虽然它已经非常接近我们想表达的思想，但是更准确的说法是：

> "当你意识到找到问题的根本原因时，是当你十分肯定在将它修复完毕之后错误就再也不会发生了的时候。"

这不是绝对的——关于如何"修复"bug 还有可以讨论的空间。bug 需要修复到何种程度取决于你的解决方案想解决到哪个层次，以及你想要在上面花费多少时间。通常在你找到某个问题的深层原因，并且将它修复之后，就能看出你最终做出了什么样的选择——这再明显不过了。但我依然想要警告你，只解决问题的表面症状而不解决引起问题的深层原因是有风险的。

当然，在找到原因的当下就马上修复它。这其实是正常情况下最直接的方式。

四个步骤

这些就是调试代码的四个主要步骤：

1. 熟悉正常工作的系统行为应该是什么样的。
2. 接受其实你并不知道问题原因的这个事实。
3. 追踪代码直到你找到问题的原因是什么。
4. 修复根本原因而不是表面症状。

这听起来十分简单，但我基本上看不到有人能遵守这一系列准则。我的所见所闻是，大部分程序员在遇到 bug 时，喜欢坐下来思考，或者通过询问他人找到问题可能发生的原因——这两种做法都无异于猜测。

与那些对系统有一定的了解，并且能给出可以从何处收集有助于调试信息的人沟通是办法之一。但是与其一群人坐在那里猜测问题的原因，其实和你一个坐在那瞎猜没有区别，唯一的收获可能是和你喜欢的同事聊天产生的一些愉悦感吧。上面的做法无非是用浪费大伙的时间代替浪费你自己的时间而已。

所以请不要浪费大家的时间，不要在代码库中引入不必要的复杂性。上面给出的代码调试方法是可行的。无论在何时何地，对什么样的代码库或者系统而言都是适用的。

有时候"收集信息"的过程会相对困难，特别是对于那些你无法重现的 bug，但最坏的情况也无非是通过阅读代码来收集信息，尝试找到代码中 bug 所在，又或者把系统的工作流程图画出来，看是否能发现症结在哪里。我建议把这些方法当作没有办法的办法，但是即使你这么做，也比猜测问题出在哪里或者假设你已经知道问题在哪里要强。

有时候，通过解读收集到的正确数据就能神奇地将问题解决。你可以试试看，非常有趣。

——Max

第五部分 *Part 5*

团队里的工程问题

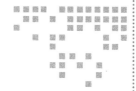

第 18 章 *Chapter 18*

高效工程开发

通常来说，致力于改善团队开发效率的同事会陷入两难的局面，要么他们会和他们所服务的开发者产生冲突，要么他们的时间都花费在一些截止时间遥遥无期的项目上面，因为大家对这些项目漠不关心。

之所以会发生这种情况，是因为开发团队认为有待解决的问题并非实际存在的问题。举个例子，你新加入一个团队，发现他们当前正在维护的代码复杂得无可救药，以至于没法编写测试，也没法轻易地对系统做更改。但是团队中的开发者们并没有意识到编写的代码过于复杂，也没有意识到正是这种复杂性导致了现在他们陷入了困境。他们感知到的只是："我们一个月只能发布一次，在发布那天整个团队必须加班到晚上十点才能把工作完成。"

当效率改善人员遇到这种情况时，他们中的一些会忽略开发者们的抱怨转而一心工作在重构代码上。出于一些原因这通常起不了多大的作用，首要的问题是：管理层和其他的开发者都会对你产生抵触的情绪，使你的工作过程障碍重重。

如果抵触只是唯一的问题，那也不难克服。真正的问题是，即使大家都知道你的每一项工作任务都完成得极其出色，你还是会逐渐被公司疏离。你的经理们会将你边缘化，甚至尝试将你驱逐出团队。应付复杂的技术问题已经够麻烦了，没有必要再与全公司为敌。

随着时间的推移，负责效率改善的人员会对周围合作的同事形成一种敌对的态度。他们认为如果其他的工程师如果能够"使用我开发的工具"，那么所有麻烦都能迎刃而解。但是开发者最终并没有选择使用你编写的工具，所以你又凭什么认为你的工具举足轻重呢。

问题在于，一旦你开始忽略其他开发者的抱怨（又或者完全意识不到他们遇到的问题），你们之间对立的种子就已经种下了。它不是一个由好变坏逐渐腐化的过程。而是从一开始当你认为问题是这个，而其他开发者认为问题是那个的时候，矛盾就诞生了。

对于效率改善人员而言，这不仅仅意味着他们与公司之间产生了隔阂——还给他们个人带来了相当大的挫败感。毕竟人们想要把工作完成。他们希望工作最后有所产出，他们希望工作能带来积极影响。

如果你做了一大堆的重构工作，但是根本没有人继续维持重构后代码的简约，又或者你写了一堆没有人使用的工具／框架，那本质上你还是和什么都没有做一样，太令人沮丧了。

你应该怎么做

你应该怎么做？目前我们已经达成了一个共识是，如果你完全不认可（或者不知情）其他开发者遇到的问题，那么你可能会逐渐变沮丧、失落，甚至是以丢掉这份工作的结局收场。所以解决之道是什么？你应该完全遵从其他开发者的建议吗？毕竟能哄他们开心还能把工作保住。

坚持下来并不难（保住工作和哄某些人开心），至少在经过少许折腾之后吧。但你也看到这种处理问题的方式非常没有远见。如果同你工作的这些开发者确切知道如何将他们自己从深陷的泥潭中解救出来，可能从一开始就不会陷入此类麻烦当中。

情况有时候会更复杂——例如你需要和一个新组建的、负责旧代码库维护工作的团队一起工作，在这种情况下整个新团队成员都算是我所说的"效率改善人员"，又或者你也是这个新团队其中的一员。这只是许多可能中的一例。但不管怎样，如果你是提出解决方案的那个人，你需要面对我会在第 40 章中提到的问题。也就是当你在解决开发效率低下的问题时，开发者是你解决方案的用户。

你不能无脑地同意其他开发者提供给你的关于如何实施解决方案的建议。这么做可以在一定程度上哄这些人开心，但这终将会让系统变得难以维护，而且也仅仅是满足了那些喊声最大的用户的需求而已——他们很可能并不代表你的大部分用户。

如果你接受了他们的建议，那么你最终会得到一个设计混乱，甚至连真实用户需求也无法满足的系统，这再一次影响你无法得到晋升，失落连连。在解决开发效率这个领域下还存在一个特殊情况。如果只针对开发者提出的问题来制定解决方案，你永远不可能从根源上解决这些问题。

举一个例子，假如开发者向你抱怨他们某个千万行代码的单体二进制代码发布流程太慢了，接着你就把时间都花费在想方设法让发布工具变得更快的工作上，结局是多半你不太可能带来好的改善。或多或少能带来一些改善（让发布更快），但是永远也没有解决根本问题，根本原因是这个二进制代码体积太大了。

解决办法

然后又该做些什么？不按照他们说的去做意味着失败，按照他们说的去做带来的提升又不痛不痒。中间地带在哪？

正确的解决办法我会在第 40 章中给出，在那基础之上做一些小的修改即可。通过运用这个方法，我不仅解决了大型代码库中根深蒂固的问题，还改善了核心研发组织内的工程师文化。只要它能被正确执行，就会是有效的。

你要做的第一件事是明确开发者认为的问题所在。不要做任何的评判。四处走走和不同的人聊聊。但不要只询问经理或者是高级管理人员的意见。他们表述的和在一线开发的工程师表述的会完全不同。

多听听那些直接和代码库打交道的人的意见。如果你没有机会和每一位工程师交谈，可以先从与每个团队的技术管理者沟通开始。然后你可以和管理层聊聊，毕竟他们也有你需要予以记录和解决的问题，你需要对这些问题进行了解。但是如果你只想要解决开发者遇到的问题，你应该从开发者身上找出问题是什么。

在这个阶段我有一些个人的技巧可以分享。一般来说，如果你直接问开发者代码的复杂之处，他们不一定能回答上来。如果你问"什么地方过于复杂了"又或者"你认为的难点是哪"，他们可能想了半天也给不了你答案。

但如果你希望得到大多数开发者对于他们编写或使用的代码的情绪上的反馈，那么他们还是有很多话可以说的。我会问一些类似于这样的问题，"这份工作有什么让你感到闹心的地方吗"，"哪一部分代码你修改起来最不爽"，"代码库中有什么地方是你因为害怕改坏了而不敢修改的"。如果面对经理我会问："代码库中有没有开发者常常抱怨的地方？"

你可以根据你的情况对这些问题进行调整，但请切记你是真心想要和开发者们进行一次对话——而不是机械地把问题列表读一遍而已。他们会说一些你有兴趣深入了解的事情。你可能需要把当中的一些内容记录下来。

在这项工作持续一段时间后，你大概就能察觉到这些抱怨中的共通点（或者某些共通点）。如果你阅读过我编写的另一本图书《简约之美》，或者你曾经从事过效率改善方面的工作，你应该能意识到问题的底层原因其实是某些代码过于复杂了。

这并不是我们想要寻找的唯一原因——即使没有和大家交谈我们大概也能猜出来。我们想要寻找一些更高层次的原因，类似于"构建二进制文件过于缓慢"。有更多类似的原因有待我们发掘。

相信现在你已经收集到了不少的信息，至于如何处理它们选项也很多。通常研发部门管理层应该会对你收集的一部分信息感兴趣，将这些信息汇报给上级能够增进他们对你的信任，并且有希望促成大家一致解决问题。这算不上是解决方案的一部分，但有时候你可以基于你对实际情况的判断决定是否有必要去做这件事。

个人信誉和解决问题

首先你可以从收集的信息中找到那些开发者已知的，且能在短时间（比如一至两个月）改善的问题，并给出解决方案。解决方案没有必要完全颠覆现有工程师的开发模式。事实上它也不应该这么做。因为当前变革的重点是为了建立大家对你工作的信任。

> 提升开发效率的成功与否，取决于你的个人信誉。

你可以预见总有一天你需要解决本质上的问题。只有当其他开发者对你有足够的信任，你才有机会朝那个方向努力，当你想要做出一些改变时，大家会相信你的解决方案是正确的。所以你首先需要做的事情是，在团队中树立自己的可靠形象。

你不需要带来巨大的、颠覆性的变革。这是你知道自己能做到的事，即使有点困难。如果这是其他人试图去做但失败了的事情，这会有所帮助，因为这样你也会证明，事实上对于这个别人可能无法处理的混乱局面（然后每个人都对整件事感到绝望，决定永远忍受这一团糟的生活，而且它无法被修复，等等），是可以采取一些措施的。

通过解决第一个问题，大家已经对你有了基本的信任，接下来你可以着手搜寻开发者真正面临的问题，以及最佳的解决方案可能是什么。这通常不可能一气呵成。此时你需要注意到另一个知识点——你不能一下子推翻并重建所有的团队文化和开发流程。你必须以渐进的方式，将变革逐步"渗透"到大家的工作中（人们通常会因为你改变了什么，或者改得面目全非，又或者第一轮变革并不起作用而感到生气），等到大家适应之后再考虑推进下一步工作。

如果你试图将变革一步到位的在团队内推广生效，一定会有人公开的反对你——这些反对的声音会让你的个人信誉荡然无存，还会使得你所有的努力付之东流。于是你又不得不回到之前提到的两个毫无建设性的解决方案——要么团队变得士气低下，要么毫无起色。所以你必须按部就班地展开工作。有的团队可以接受较大程度的变革，有的只能接受较小程度的变革。通常团队的规模越大，你执行的过程越要缓慢。

障碍

一般进展到这个阶段，你会遇到一些阻碍你工作推进的坏脾气的人。有时候这类人是高层人员，要么冥顽不灵要么只是不可理喻而已（你可以通过观察某人是否频繁地攻击他人来辨别这个人是否是不可理喻的）。在这种情况下你能继续取得多大的进展，部分取决于你的沟通技巧，部分取决于你希望执行下去的决心，但也有部分取决于你如何化解这种状况。

你应该找一批支持你的人，建立一个能为你付出的努力背书的核心圈子。绝大部分程序员还是帮理不帮亲的，即使他们口头上什么也没有说。

当有人提出他们的长远改善计划时，你应该公开鼓励他们。不要要求每个人都做出完美的改变——你的当务之急是凝聚你的"团队"来验证清理代码、效率提升的种种手段是有价值的。你还要负责营造志愿者文化或者经营开源项目——你必须非常地有感染力和友好才有助于这些工作的推进。但这并不意味着你应该接受糟糕的改变，但是如果有人想要做出改善，你应该至少对他们表示肯定和赞许。

有时十个人里有九个人想要做正确的事情，但他们的声音会被那个嗓门最大的人的声音所掩盖，以至于他们想当然地认为应该尊重那一个人的想法，而不是据理力争。所以你应该尽力争取这一部分人的支持，这有助于你工作的展开。通常，忽略那个嗓门最大的人的声音继续一往无前地改善工作也是办法之一。

如果你终究还是被某些高层人士一致叫停，可能存在两种情况：（a）解决问题的方式有所偏差（可能是你并没有按照我上面推荐的方式去执行，也可能是在和团队的沟通上出现了问题，还有可能是你正在做的事情会对开发者造成负面影响等）。（b）叫停你工作的人愚蠢至极，无论他们看上去多么地"正常"。

如果你的工作被叫停是因为你正在做错误的事情，那么找出什么对开发人员最有帮助，然后回归到正确方向去做就好了。有时这只需要和那位叫停你的高层人士好好沟通就能找到答案。

例如可以暂且把你争强好胜的性格收敛一下，听听他们的意见，评估一下是否有与他们合作的可能性。毕竟和气才能生财。但如果你的工作是被某位愚蠢的人叫停的，并且哪怕有你的支持者为你背书他也无动于衷，那么你或许应该考虑换一个团队了。

没有必要把你的理智和大好心情浪费在这种从不听人劝，还不惜任何代价给你添堵的人身上。另找一个能让你发光发热的地方吧，总比一条路走到黑要强。

想要从容处理工作上的一切障碍光凭这些技巧是不够的，但是相信它已经给了你一些基本入门。比如要持之以恒，要待人和气，找到你的支持者，不要做有损你个人信誉的事情，找一些你能帮得上忙的事情去做。长此以往下去，反对的声音会逐渐式弱，不喜欢变革的人也会悄然离去。

向本质问题前进

假设你现在正在通过渐进的方式，有条不紊地改善团队的开发效率，一些潜在障碍也逐渐被清除。那么接下来该何去何从？答案是请确保你的前进方向瞄准的是本质问题。

总有一天你需要解决这个问题，而解决的方式之一是需要纠正人们编写软件的方式。关于这件事有很多需要知道的，在此之前我聊到过这个问题，在此之后我会再找机会继续聊。如果说无论如何都要对代码进行简化，那应该从什么时候开始呢？通常来说当你遇到一个问题且发现重构才是最好良药的时候，可能会是一个恰当的时机。

先不要对外发布承诺，不要大声宣布你有一揽子改善开发效率的计划，并且计划是从重构代码开始的。如果这么做的话，经理们（或者一部分开发者）会期望你能从中带给他们一些不一样的产出，这些不切实际的要求源自缺乏对你的工作的理解（又或者有时完全出于阻止你的目的，才对你的工作提出不切实际的要求）。你应该等到遇到切实的问题时给出类似的建议："如果我们能把这部分代码进行重构的话，编写X 功能时才会比较轻松。"

自此开始，你要尽可能地提出对代码进行重构。这并不意味着你要停止工具、测试还有流程方面的优化工作。但是你对于重构的坚持，是最能给团队文化带来巨大改善的。你应该希望人们产生一种思维惯性，比如"开发也意味着对代码进行整理"或者是"代码的质量也很重要"。也可以是其他你希望营造的文化氛围。

一旦你在团队内成功建立起了一种改善代码的团队文化，即使你不再对它进行过问，问题也会随着时间推移迎刃而解。这并非意味着工作就此结束了，一旦每个人都关心代码质量、测试和开发效率时，你会发现即使没有你的积极干预，事情也能开始向好的一方面发展，但最坏的情况也不过如此。

请牢记，整个流程的重点并不是在于"达成共识"。你并非在争取团队中每个人关于你应该如何完成你的工作的许可。而是在找到人们认为的问题所在，并且提供一个解决方案将其修复完毕，这个他们认可的解决方案不仅能够建立起大家对你的信任，还能逐步解决代码库的深层问题，并且确保它并不是为了迎合某个人而诞生的。你只需要记住一件事：

> 解决那些人们认为他们面临的问题，而不是你认为他们面临的问题。

最后一件我想要说明的是，所有这些技巧的前提是，你作为个体独自在负责整个公司或者整个团队的效率提升。还存在一些其他的场景——事实上，这并不是大部分效率提升工作的常态。实际工作中有的人会负责一部分工具的研发、有人负责框架的研发、有人负责和下属团队打交道等。

上面提到的"请解决真实存在的问题"这条原则，对其他情况同样适用。上面的大部分内容可能只适用于某一个例子，但最重要的事情依然是，不要解决你认为存在的问题，解决（a）你能够证明存在的问题和（b）开发者们已知的问题。

大部分我曾经共事过的效率提升团队基本上都没有遵守上面的原则，他们花费数年的时间在编写开发者并不需要、也从不使用的工具或者框架，在这些工具开发的团队撤出之后他们便把这些玩意统统删除。时间就这么毫无意义地被浪费掉了！所以请不要浪费你的时间。事半功倍一些，再去改变世界。

——Max

第 19 章 | *Chapter 19*

量化开发效率

在我致力于改善软件工程师福祉的职业生涯里，人们总是会问我应该如何衡量开发者的效率。我们如何发现与辨别开发效率是否遇到了瓶颈？我们如何知道团队在一段时间内是变好了还是变差了？经理们如何向更高级的经理们解释开发者们的效率处于什么样的状态？等等。

一般我会优先把工作重点放在简化代码的设计上，我认为量化每一位开发者干的每一件事并不重要。几乎所有的软件问题，都是因为没有成功采用软件工程中的原则和实践。所以即使缺乏衡量标准，如果你能设法让整个公司都采用同一套好的软件工程实践，大部分的效率瓶颈和开发中遇到的问题都会自动消失。

有一种说法是，如果能将一切量化的话，这终将能带来巨大的价值。它能帮你识别出编码难点，允许你奖励那些效率提升的员工，允许你在效率欠佳的部门花更多的时间展开效能提升工作，当然还有其他数不清的好处。

但是编程不像其他的职业。你没法像量化制造业流程那样对它进行量化，在制造业中你只需要统计从流水线上检验合格下线的产品数量。但是你如何衡量一个程序员的产出呢？

定义"效率"

秘诀在于对"效率"进行恰当的定义。许多人想要"量化效率",但是却从没有思考过效率究竟是什么东西。如果你都还没有定义它你又如何能测量它呢?

理解效率的关键在于,意识到它与产出物有关。一个有效率的人通常都能够高效地输出产出物。

> 衡量开发者效率的方式之一是衡量他的产出物。

当然这一则陈述还不足以解决我们的疑惑。让我给你列举一些例子,其中的一些会告诉你哪些东西不应该被量化,另一些表达的则是哪些东西应该被量化,希望能有助于你的理解。

为什么不是"代码行数"

或许软件行业里最有潜力用来衡量开发效率的方式之一是统计开发者编写的代码行数(简称为 LoC)。我十分理解为什么人们会这么做——既然代码行数是可以量化的,为什么不把它派上用场呢?写代码的人代码写得越多效率就越高,不是吗?并不是。其中的一个误区是:

> "电脑程序员"不能算是一份正式职业。

等等,什么?但是我在很多地方都看到了"程序员"的招聘启事!确实如此,但是你也看到了很多"木匠"的招聘启事。但是"木匠"这份职业的产出物究竟是什么?除非能更具体一些,否则很难给出一个答案。你也许会说木匠的职责是"砍伐木头",但这不能算是产出物——没有人会雇佣你让你每天毫无意义地砍伐木头。

所以"木匠"这份工作究竟是做什么的?工作的内容可能是家具修理,或者是搭建房屋,又或者是制作桌椅。在每种可能性里,木匠的产出物都是不同的。如果他是家具修理员(这可是一份正当的职业),那么你可以统计出他成功修复了多少组家具。

如果他的专业是搭建房屋，你可以统计他建造完成了多少个房间。

重点在于：

> "电脑程序员"和"木匠"类似，是一门手艺，不是一份职业。

如果你想衡量一个人的产出物，你不应该去判断他掌握这门手艺的精湛程度。你应该衡量通过这门手艺他带来了多少产出物。打一个不恰当的比喻，纯粹为了更好地阐述这个观点，编程时不免需要使用到键盘，但是你会通过统计程序员一天中敲击了多少次键盘来衡量他的效率吗？当然不是。

统计代码行数比衡量键盘的敲击次数好那么一点，是因为它看上去似乎像是程序员的产出——哪怕一行代码似乎也能够算是交付，即使它微不足道。

但是光凭它自己就能算是一个产出物了吗？如果我设定一份工作的内容是编写1000 行代码，并且我会用 1000 美元购买这些代码，但是我只交付一行代码的话客户会支付我 1 美元吗？不会，客户什么也不会给我，因为我还没有交付任何产出物。

所以在真实世界里，你会如何应用这条原则来如何量化一个程序员的产出物？

找到有效的指标

第一件需要想明白的事情是：对于用户来说，程序的哪一部分产出是最有价值的？这个问题的答案可以在《简约之美》一书中的"软件设计的推动力"一章中找到答案，在这一章中我提到过软件的目的其实是"帮助其他人"。所以第一步就是确定哪一类人群是你的软件帮助的对象，以及在使用产出物为他们提供帮助时，会带来何种影响。

例如你负责研发和维护一款用于个人用户报税的会计软件，你可以把通过使用你的软件，成功且准确地填写了纳税申报的人数作为有效指标。当然软件的成功离不开公司内每一个人的努力（包括销售人员在内），但是程序员需要为软件的易用性和质量属性负主要责任。

有的人喜欢挑选那些程序员全权负责的事物作为指标，我建议不要盲目地依赖它——如果想要将它作为衡量个人产出物的有效手段，程序员不一定是唯一能够对它产生影响的人。

量化一个系统的指标也是多种多样的。假设你为一个购物网站工作。后端开发者或许会以成功执行的数据请求数量作为某项指标，而前端开发者则以成功添加进购物车的商品数量，以及成功通过结算流程的人数作为某项指标。

当然，单个候选指标也应该与整个系统的指标对齐。如果后端开发者只是衡量"后端接收到的请求个数"，而不考虑成功执行的情况，也不考虑执行的响应速度，那么他们完全可以设计一个需要反复调用多次的糟糕 API，这无疑对用户体验造成了伤害。

所以你需要确保心目中的候选指标，是和帮助现实用户息息相关的。对于刚刚的例子，一个更好的解决方案可以是，多少次"提交支付"的请求被成功处理了，因为这才是最终结果。（顺便说一声我不会将此作为购物网站后端的唯一可能指标——它只是一个可能性而已。）

如果你的产出物是代码呢

的确存在产出物就是代码的情况。例如库开发者的产出物就是代码。但它基本上不会是一行代码——它更接近整个函数、类或者是一组类。你可以用"可以被其他程序员正式使用，已经发布的，且经过充分测试的公开 API 函数数量"作为库开发者的衡量标准。

在这个例子中，你或许还需要统计已有函数上的新增功能，例如计算有多少个 API 函数在经过新功能加持之后焕然一新。当然，既然原指标明确了"充分测试"这一标准，新功能也需要经过测试验收之后才算数。

但无论你衡量的标准是什么，重点在于即使我们衡量的部分人员的产出物是代码，你衡量的依然是产出物。

如果员工负责的是开发者效率的改善呢

还存在最后一种情况，就是如果他们的职责是负责改善开发效率。如果你的工作内容是帮助其他开发者提升对于需求的响应速度，你要怎么量化你的工作成果？

首先，大部分负责改善开发效率的人员都有属于他们自己特别的产出物。产出物可能是一个测试框架（也就是说你可以用上面所说的衡量一个库的标准衡量它），又或者是其他某些开发者可能会使用的工具，在这种情况下你可以统计工具的使用情况或者人们对它的满意度。

举个例子，bug 管理系统的开发者们想要量化的指标之一，是 bug 被成功和迅速解决的个数。当然，考虑到工具在公司内部是被使用的方式，指标还需要稍做修正——或许有一些系统中的 bug 记录压根就不需要被快速修复，甚至将会长时间存在，所以你要想办法用其他的方式衡量它们。总的来说，你应该问自己：我们使用的这件工具，带来的产出物和造成的影响究竟是什么？这才是你应该衡量的——产出物。

但如果你并不是在开发一些具体的框架或者工具怎么办？有可能你的产出物和软件工程师这个群体息息相关。此时或许你可以衡量你的工作成果给工程师带来帮助的次数。或者统计你引入的改善给研发工作节省下来的时间，当然前提是你能准确地进行统计（基本是不太可能的）。总而言之，与量化其他类型的编程工作相比，量化这些工作会更加困难。

我曾经有过的一个想法是（但至今为止还没有实施过），如果某人负责改善特定团队的开发效率，那么应该衡量团队体验到的效率提升程度。又或者衡量团队指标的提升速率。

举个例子，假设你单纯地以营收衡量某款产品的成功与否（注意：基本不会存在只用这个指标衡量产品好坏的情况——这只是为了说明上面情况的一个极端的人造例子）。

假设第一周的时候这款产品带来 100 美元的收入。第二周 101 美元，第三周 102

美元。好歹也算有提升，但不痛不痒。随后 Mary 加入团队中负责提升团队的开发效率。在她加入的这一周产品带来的收入是 150 美元，接下来的一周 200 美元，又接着 350 美元。

收入的增长速率从每周 1 美元，到每周 50 美元，接着 100 美元，最后 150 美元。用这个指标来衡量 Mary 的工作成果似乎是合理的。当然也存在其他因素对指标的改善造成了影响，它并不完美，但是总比没有指标用于衡量"纯粹"的效率提升者的工作成果要强。

结论

关于如何量化员工、团队以及公司的工作产出，还有很多方面需要了解。上面的内容只是为了讨论，对程序员来说，应该如何找到被量化的正确产出。

关于如何实施量化，如何诠释量化，如何选择正确的量化指标还有很多需要学习的地方。

当你在为独立程序员、团队和整个软件组织制定量化指标时，希望上面的内容能够为你解答一些基本的疑惑，开一个好头。

——Max

第 20 章 *Chapter 20*

如何应对软件公司内代码的复杂性

有一个会带来微妙影响的明显事实是：

> 只有依靠程序员个体才能解决代码的复杂性问题。

也就是说想要解决代码的复杂性，需要每一个人都对代码保持警惕。他们当然可以借助一些工具来减轻这项任务的压力，但简化代码这份工作终究还是需要人们脑力、注意力和汗水上的投入。那又怎么样呢？为什么要特别强调这件事？其实我更想确切表达的是：

> 解决代码的复杂性问题，离不开每一位个体贡献者的底层代码工作。

如果管理者只是在下达"简化代码！"的指令后就拍拍屁股一走了之，通常什么都不会发生，因为：

a. 员工们需要更明确的指令；

b. 员工们对被需要改善的代码一无所知；

c. 对问题的理解其实是发生在解决问题的过程中的，管理者并不是解决问题的人。

85

管理者在公司的级别越高，真实的情况就越是如此。当一位 CTO、副总裁或者是技术总监下达了类似"提高代码质量"的命令，却又不提供更多的细节，结果就是公司上下确实会开展一系列风风火火的大动作，但是代码库却没有一点实质性的改善。

如果你是一名软件工程经理，你可能会提出一类大而全的、能够一劳永逸解决所有问题的解决方案。通过这种方式解决代码复杂性的问题在于，代码问题通常在许多不同的子项目中，需要许许多多程序员个体落实到代码细节层面才能修复，这种一揽子的解决办法不切实际。

所以如果你想依靠一个大而全的解决方案来应对一切问题，你会发现它其实并不适用于所有场景。并且这么做只会适得其反，软件工程师们看上去做了很多工作，但实际上他们并没有产出一个具有可维护性且简单的代码库。

> 这是一个软件管理中的常见模式，它错误地让人们相信代码的复杂性是难以避免的，并且你对它无可奈何。

所以如果你作为一名管理者正在负责一个结构复杂的代码库，你需要做些什么来改善这些代码呢？解决问题的关键在于从每一位开发者身上获取信息，并与他们一同工作，从而帮助他们解决问题。在本章中我会对这一过程分六步展开叙述。

第一步——列出问题

询问团队里的每一位成员，邀请他们把代码中最让他们受挫的地方写下来。代码复杂性引起的现象，会导致人们对于代码产生本能的情绪性反应，例如对代码感到疑惑，感觉到代码是极易损坏的，认为代码难以优化等。所以你可以提出类似这样的问题："系统里有什么地方的代码是在你修改时会感到紧张的？"或者是"代码中有什么你曾经维护过的地方让你感到非常棘手？"

每一位软件工程师都应该把他们心目中关于这些问题的答案都写下来。我不推荐通过使用某个系统来收集这些信息——对于他们来说手写是最简单的方式。可以给他们几天的时间来整理答案列表，因为他们可能需要一些时间考虑。

这份列表可以不仅仅包括你负责的代码库，任何关于他们曾经维护过或者使用过的代码的吐槽都可以记录其中。现阶段你只是在收集症状，并非原因。对于这份回答来说，开发者们的表述可粗可细。

第二步——举行会议

召集你的团队举行一个会议，确保每个人都带来了他们关于那些问题的答案，以及能够访问代码库的电脑。团队会议理想的参与人员人数大致在六到七人左右，如果团队人数过多的话，你需要再将他们划分为更小的队伍来举行会议。

在会议上你应该挨个过一遍所有的回答，找到每一个症状**对应的文件目录、文件、类、方法或者是代码块**。

即使有人的回答是：

> "整个代码库都没有单元测试。"

你也应该刨根问底地问下去：

> "请告诉我这个问题会在什么时候对你造成影响？"

再根据他的回答找到现阶段最需要为之编写测试的文件是哪些。

你还需要确保你获得了关于问题的准确描述，类似于"重构代码非常困难，因为我不知道我的修改是否会破坏其他人的模块"。这种情况下单元测试似乎是一个解决方案，但是你首先还是需要尽可能地把问题的范围缩小。（的确所有代码都应该有对应的单元测试，但如果现在你的代码库中一个单元测试都没有，你需要从这方面的一些可行的任务开始。）

总而言之，只有代码才是能够被实实在在修复的，所以你需要知道哪一部分的代码出现了问题。当然还存在着影响面更广的问题有待我们解决，但是再大的问题也可以被拆解为更小的问题来各个击破。

第三步——bug 报告

利用从会议中收集到的信息，为每一个问题（不是解决方案，只是问题！）生成一则 bug 报告，并且可以用这个问题关联的文件夹、文件以及类名作为 bug 报告的标题。例如"FrobberFactory 类太难以理解了"。

如果在会议上问题的解决方案同时也有了结果，你可以在报告中进行备注，但是报告本身还是应该以问题为主。

第四步——决定优先级

现在是时候决定问题的优先级了。首先要找到哪一个问题影响到的开发者数量最多。这些都是高优先级的问题。通常这部分工作是交由团队或者公司内对开发者最了解的人来完成。一般是团队经理。

有时候需要考虑问题间的依赖关系而不仅仅是严重性。举个例子，解决问题 Y 的前提是解决问题 X，或者是如果问题 A 提前得到解决的话，问题 B 解决起来会更容易。

这意味着问题 A 和问题 X 即使没有它们后续的问题看起来那么严重，它们也应该优先被解决。大多数时候都会存在这么一条问题链，关键在于找到链路源头的问题是什么。

没有正确评估问题的优先级，是软件设计中常犯的错误之一。虽然这个步骤看上去无关痛痒，但它对降低解决代码复杂性的成本至关重要。

> 无论何时何地，软件设计的精髓在于以正确的顺序做正确的事情。
>
> 强迫开发者以无序的方式解决问题（忽略问题间的依赖关系）会加剧代码的复杂性。

决定优先级是一项技术导向的任务，最好由团队里的技术领头人来完成。有时候这个角色是经理，但有时候也可以是资深的软件工程师。

有时候你没有必要提前知道所有问题的优先级，也许在你解决某个问题的同时，发现提前修复另一个问题有助于这个问题的解决，那么这个时候再决定优先级也不迟。也就是说，如果你有能力提前把所有问题的解决顺序排序好，那是非常了不起的事情。但是如果你发现需要深入问题并确定解决方案之后再决定顺序，也未尝不可。

无论你是在开发前期还是开发过程中完成的这部分工作，非常重要的一点是确保让每一位程序员意识到，在他们开始分配正式任务之前，首先需要解决一些前置任务。他们必须取得足够的授权，能够从当前需要完成的任务，切换到优先解决那些阻碍他们的任务。

当然这也存在局限性（例如为了修复某个文件，将这个文件用另一个编程语言重写，在时间上就不是那么划得来），但总的来说"找到问题链路的源头"，是开发者们在做类似代码清理工作时最重要的任务之一。

第五步——分配任务

现在你可以把每一个 bug 分配给不同的具体开发者。可以说这是一个相当标准化的管理层面的流程了，虽然它涉及具体的沟通和工作细节，但我相信大部分软件工程经理对此已经驾轻就熟。

有一个意外情况是，可能其中一些导致 bug 的代码并不是由你们团队维护的。这种情况下，你需要通过与组织层面进行沟通，找到负责解决这个问题的合适团队。如果你能从另一个与你有相同遭遇的经理那里得到支持是再好不过的了。

在一些组织内部，如果其他团队引入的问题并不复杂，也不需要了解过多的细节，那么你所属的团队就可以自行对它进行修复。这可以根据你们解决问题的效率和成本自行决定。

第六步——计划

现在你已经对所有 bug 进行了记录，接下来你必须要想清楚何时将它们修复。一般来说最佳的方式是确保开发者们会定期修复其中的一些问题，并且同时进行常规功能的开发。

如果你的团队通常以一个季度或者六个礼拜作为一个迭代周期，你应该在每个迭代周期内都安排一些代码清理工作。最好是让开发者们首先做一些能够让他们将来开发代码变得更轻松的代码清理工作，再开始正式的代码功能开发。

放心这通常不会拖慢开发进度（也就是说如果代码清理得当，开发者们依然能够在一个季度内把计划中的功能实现，这变相说明了实际开发时间减少了，同时开发效率得到了提升）。

不要为了代码质量而完全中止正常功能的开发。请确保提升代码质量的工作会持续进行下去，自然而然代码库总体上就会趋于变好而不是变差。

如果你能把以上这些点都做到，那么意味你们的代码改善工作确实走上了正轨。关于整套流程还有很多可以探讨的地方——甚至足够写另一本书了。但是相信上面的内容加上你的经验，以及对代码的敏感度，对于提升你当前的代码库质量应该够用了，甚至也有助于你作为软件工程师或者是团队经理的职业晋升。

——Max

第 21 章 *Chapter 21*

重构与业务功能有关

当你在清理代码时，你其实是在间接地为代码所属的产品提供服务。重构的本质是一类有组织的流程（这里说的"有组织"并不是指"与业务有关"，而是说"有序地将事物安排起来"）。也就是说，为了达成某个目标你在对事物进行有序的排列。

当你开始独自重构时，重构会给你带来一个坏的名声。人们会开始认为你在浪费时间，你在人们心目中的可靠程度会降低，你的经理和小伙伴们会设法阻止你接下来的重构工作。

我所说的"独自重构"意思其实是，你发现了一些与你当前工作不相关的代码，并宣布"我不喜欢它的架构设计"，然后在不影响系统功能的前提下对代码的不同部分做设计上的修改。

这样的行为好比当你的房屋着火时，你在往草坪上浇水。如果你的代码库真的如我看过的大多数那样拙劣，"房子失火"不失为一个恰当的比喻。即使代码并没有那么糟糕，你的工作重点可能也放错了方向。

你也许认为你重新组织代码的工作干得非常出色，可能吧，但是浇灌草坪的重点是你房屋前有一片不错的草坪。如果重构代码的部分和你当前负责的产品或者系统的实现目标没有任何关系，算下来你其实什么都没有做，只不过重构了一些没有人用或者没有人关心的代码而已。

高效些

所以什么究竟是你真正想做的？通常来说，首先你需要挑选一个有兴趣上手的业务功能，然后找出通过重构哪一部分代码能够让你的开发工作变得更轻松。又或者找一些修改频率很高的代码，对它们进行组织优化。这会让人们对你的工作投来赞许的目光。人们赞许的背后有更深层的原因：事实上他们这么做是因为你目前的工作起到了事半功倍的效果。无论如何这至少算是一类对你工作成果友好的认可，并能够鼓励你持之以恒地坚持下去，也表示有人开始注意到你的工作，说不定还能和你一起把好的开发实践在公司里推广。

你是否可能需要重构一个与手头工作并不直接相关的项目代码？这是非常有可能的，有时候你需要重构一些与目标间接相关的代码。

有时当你开始解决一个特别复杂的问题，好比你尝试捡起沙滩上的一块石头，翻看它下方的沙子里有些什么。当你在尝试移动一块石头的时候，发现首先需要移动其他的石头。这部分工作完成后你又发现目标石头被上方紧挨着的另一块巨大的鹅卵石压得死死的，这块鹅卵石被其他的石头所掩盖，因此它变得难以移动，于是你需要重复上面移除多余石头的工作，才能搬动鹅卵石，而在清除鹅卵石周围石头的过程中，相似的问题会接连出现。

基于同样的原因，你首先不得不解决阻碍你进行重构的相关问题。如果这些问题过于庞大，你可能需要一位全职的工程师来专门为你解决这些问题——特别是那些阻碍重构本身的问题（举个例子，可能你代码的依赖关系或者构建系统过于复杂，以至于没有人有能力随意移动代码，如果这个问题过于严重的话，需要花费一个人好几个月的时间来解决）。

当然，理想的情况下你不会遭遇到这种令人束手无策的困境，以至于仅凭一己之力无法完成如此繁重的工作。你可以通过我在《简约之美》一书中讨论到的增量式开发和设计模式解决这个问题。在过程中请务必确保系统的核心功能不受影响。

但是先不妨假设你像世界上的大多数人一样并没有遵循书中的做法，想必现在最令你头疼的就是需要将埋藏在系统最深的那块石头挖出来。如果我是你我不会为此感到沮丧，垂头丧气解决不了任何问题。

不是沮丧也不是困惑，你现在需要做的是逐步攻克系统中存在的问题，让它和现在的状态相比逐渐好转起来。维护系统不偏离设计初衷已然很难了，这部分工作会复杂更多，可它并非无法做到。

> 清理复杂代码库的关键原则之一就是始终在特性服务中进行重构。

你看，现在你正面临的问题是堆成山一般的"石头"。这和房子着火了类似，不同地方在于房子的大小是山的几倍，更严重的是整幢房子都在熊熊燃烧。你现在需要通过一系列步骤，搞清楚"山"或者"房子"的哪个部分是你想尽可能完整保留下来的，以至于将来它们还能"派上用场"，这才是当务之急。

这并不是一个完美的类比，因为火灾是暂时的、危险的，并且危及生命。它破坏的速度也会比你清理它要快。但有时代码库实际处于这种状态——它变得更糟的速度比变好更快。下面是另一条原则。

> 你首要的目标，是想办法让系统变得越来越好，而不是越来越差。

虽然听上去完全不一样，但这条原则和之前提及过的内容并无差别。怎么会呢？因为你让代码库变好而不是变坏的方式，和你让开发者在添加新功能之前对代码进行重构的方式是一样的。

假设你正在浏览代码。你发现了一块用于生成所在公司员工姓名列表的代码片段。现在需要给这段代码添加一个功能，将名字按照员工的雇佣日期进行排序。虽然你正在阅读这段代码，但是你搞不清其中一些变量名称的含义。

所以在添加新功能之前应该做的第一件事，是做出一次独立的、不影响其他功能、且能改善变量可读性的修改。完成之后，你可能还是无法明白整段代码的含义，因为所有代码都在一个超过 1000 行代码的函数中。接下来你应该把这个函数继续拆分。

或许此时此刻代码已经被改善得差不多了，如果现在往代码里添加排序新功能应该会轻松不少。或者在继续开发新功能之前，你想要把刚刚拆分出来的函数再用一些精心设计的对象封装一遍，前提是你现在使用的是面向对象编程语言。这一切都可以由你自己决定——但底线是你应该想方设法让代码变得更好，并且变好的速率要快于它变坏的速率。这也是对于你工作成果的评估点。

你必须在达成业务目标与重构代码之间进行平衡。因为现实条件并不可能允许你一直将代码重构下去。

设定重构边界

一般来说，我会给需要修改的代码设定一个边界，例如"哪怕是为了实现业务目标，我也不会重构任何我当前项目以外的代码"或者是"我不会等到编程语言本身做出了修改之后才将这个功能发布"。

但是在边界之内，我会尽我所能将工作出色完成。在不影响我实现业务功能的前提下，我会将边界范围设定得尽可能大。通常也有一种边界称之为时间边界，某种意义上它也算是一种"代码库范围"（例如需要涉及当前代码库之外的多少代码）边界——时间是最重要的，因为"我可不想为了完成两天就能实现的功能，花三个月时间去重构代码"。

但即使存在这样的情况，我还是会给重构预留出一些时间，特别是当我在开始需要在代码库中添加新功能，但是代码质量却是一塌糊涂时。

重构不是在浪费时间，而是在节省时间

这是我想表达的另一个观点——即使你以为在重构代码之后再开发新功能会花费

更多的工作时间，但事实上我的经验告诉我，总体工作时间只会更少或者持平而已。这里"总体"还包括了你花费在调试代码上的时间、回滚代码版本的时间、修复 bug 占用的时间、编写复杂系统运行测试的时间等。

看上去在不重构代码的前提下，往复杂系统内添加功能的效率会更高，有时候如此，但大部分情况是如果你提前把系统规整好再开始添加功能，总体花费的时间会减少。这不是纸上谈兵——我已经亲身经历了很多次这样的情况。

事实上我所在的团队按照上面流程进行工作的开发效率，比那些工作在新代码上，拥有更好的工具的团队的开发效率都要高。（理论上其他的团队在开发效率上应该远远领先我们，但是因为我们持续对业务代码进行重构，我们总是能更快地发布新的版本，在交付功能的数量上也同样领先，在这两个比较项目中，每个团队都有相同的人数以及相似的功能开发目标。）

将代码重构得清晰明了

当我在决定代码何时才算重构"完成"时，我的判断标准是当别人在阅读这段代码时，能清晰地辨别出我在代码中的设计模式，并且能够随着这个模式继续维护下去。

有时候我会编写一些文档用于描述系统的设计思路，确保人们能够按照这个方向维护下去，但我的理论是（这条真的就是个理论了——我还没有足够的证据证明它的正确性），如果我把代码设计得足够好，其实就用不着用于描述设计思路的文档。通过阅读代码，设计思路也许就能自然而然地呈现出来，当你需要添加新功能时，需要涉及的修改之处一眼就能找到，连犯错的机会都没有。但很显然，想要完美实现这个目标几乎是不可能的，但是软件设计中有一条普遍真相是：

> 没有最好的设计，只有更好的设计。

这也是另一则用于判断你是否"本末倒置"，或者过度设计，又或者花费了太多时间设想应该如何重构这件事的标准——你是否在设法让它变得"完美"。它没有必要"完美"，因为根本就不存在"完美"。只有"出色地将它应该完成的工作完成"。在不理解代码开发目的的情况下，你无法准确判断代码设计的好坏。一种设计对一种目的奏效，另一种设计可能又对另一目的奏效。

的确存在一些通用的库，但即使如此它们也只为单一目的服务。那些被一致好评的通用库，都经过了实际代码库的实际测试，来验证它们能够很好地服务于特定需求。

> 当你在重构代码时，你的出发点应该是将代码的设计修正为更符合它的当前用途。

关于重构你应该了解的还有很多，但这是一个非常好的基本原则。

总结

总的来说，重构是一项能够帮助你增加业务收益的组织化流程。如果你在重构时不能给业务功能带来积极影响，那么你可能会遭遇到相当多不同种类的麻烦。我没法一一列举这些麻烦都是什么，但它们多半会发生。另一方面，如果你正在用代码编写一个系统，而你又从不对它进行设计梳理，那么你很容易会让这个系统陷入难产或者难以为继的境地。

所以两者都要兼顾——你必须要有所产出，同时你必须对系统进行重新梳理，以便能够让今后的工作有快速、可靠、简单和高质量的产出。如果你对生产不屑一顾，那么重构也没有什么必要。

是的，浇水很有意义，但是先把火扑灭了再说。

——Max

第 22 章 *Chapter 22*

善意和代码

人们会不假思索地认为，软件开发纯粹只是一项与技术相关的工作，人这个因素并不重要，一切与软件开发有关的事物从本质上说都只是和计算机关联的。可事实并非如此。

> 软件工程根本就是一门人类学学科。

在多年对软件开发流程进行持续改善的过程中我犯下过许多错误，这些错误都有一个共同的特征，就是只把目光聚焦于系统的技术层面，而不考虑写代码的人类的因素。你会发现有人更关注性能优化而不是代码可读性；你也会发现某人从不写注释，却乐意把时间都花费在如何让脚本代码行数变得少上面；你还会发现有人不善于沟通，却对小型二进制类库崇拜得不行：这些都是人类因素引起各种问题症状。

软件与人相关

在现实世界里，软件系统代码是由人编写的。同时也是供人阅读，由人修改的，无论理解与否也都与人有关。它们代表的是编写它们的开发者思想。代码是地球上最接近人类思想的一种产物。但它们本身并不是人类，没有生命、智商、情绪，也算不上善或者恶。

只有人类才有这些特质。软件只是被拿来使用并且服务于人们。软件是人类劳动的产物，是一群人在经过工作、沟通、相互理解以及高效合作之后诞生的产物。既然如此，在与一群软件工程师协同工作时，有一条非常重要的原则：

> 用粗鲁的态度对待开发团队里的成员不会带来任何价值。

粗鲁地对待与你一同工作的同事不会带来任何的帮助。气愤地告诉他们某个地方做错了，或者做了不该做的事也无济于事。唯一行之有效的是，确保软件设计的各项准则被正确应用到了开发中，以及人们在遵循正确的方向让系统变得更容易阅读、理解和维护。但这一切都没有必要用一种粗鲁的方式来实现。有时你需要做的仅仅是告诉人们他们某个地方做错了就好了。你只需要实事求是地说出来——大可不必为了这件事蹬鼻子上脸地对他人进行人身攻击。

一个关于善意的例子

假如你发现某人写了一段糟糕的代码，现在你有两种方式对这段代码进行评论：

"我简直不敢相信你会认为这个想法是可行的。你有阅读过任何有关于软件设计方面的书吗？很明显你没有。"

这就是我所说的粗鲁的方式——你对开发者个体进行了攻击。而另一种方式是告诉他们哪里出了问题：

"这一行代码难以理解，并且这整段代码似乎与其他某个地方重复。你能对它进行重构让它变得更易懂吗？"

> 关键在于你是在评论代码，而不是评论开发者。

同样的，另一个重点在于你没有必要成为一个混蛋。拜托我是认真的。第一种回复很明显是粗鲁的。它会让那个人想要继续和你工作、想继续贡献代码、想要变得更好吗？不会的。第二种回答，从另一方面让人们知道他们采取的方案有问题，你只是并不想让这样的糟糕代码合并到代码库中而已。

无论你出于什么样的原因阻止糟糕的代码合并到代码库中，你都必须首先考虑人这个因素。这么做你既是在为你产品的用户着想，也是在考虑其他系统代码的开发者阅读代码的感受。通常它与两者都息息相关，禁止提交糟糕的代码能让系统具有更好的可维护性，同时也有助于更高效地帮助我们的用户。但无论出发点是什么，你作为软件工程师始终无法避免与人有关的问题。

是的，会有许多人阅读这些代码以及使用这段程序，可能你正在进行评审的这段代码只是来源于某个个体开发者。所以你不禁会想，以让系统能更好地为更多人服务的名义，牺牲一些善意的话是否可行呢？或许你是对的。但是如果可以完全避免的话为什么还要表现得粗鲁呢？为什么要在你的团队内营造一种每个人都害怕犯错的氛围呢？为什么不鼓励他们为做了正确的事情而感到开心呢？

这不仅限于代码评审，每一位工程师都有他们想要表达的观点。无论你同意与否，你都应该倾听他们的想法。礼貌地接纳他们的表述。用建设性的方式与他们交流你的想法。

值得一提的是，有时候人们确实难免会生气。但是请相互理解。有时候你也会生气，当这种情况发生时你也希望你的同事能理解你，不是吗？

友善一些，做出更好的软件

这听上去有些不切实际，像是某些可有可无的心理呓语。但我并不是在说"每个人都是对的！无论何时何地你总是应该同意每个人的想法！不要告诉任何人他们错了！没有人会犯错！"不，人们常常犯错，甚至在此时此刻世界上有很多糟糕的事情正在发生，在软件工程领域也是如此，你必须对这些事情说不。

世界并不总是如期望中的理想。到处都有愚蠢的人存在。其中有一些可能是你的同事。但即使如此，你也不应以高效开发的名义粗鲁地对待这些人。他们不需要你的憎恨——他们需要的是你的热心和你的协助。

相信你的大多数同事并非愚蠢的人。相反他们都是聪明与心地善良的人，只不过像你一样偶尔会犯下一些错误。请给予他们犯错的空间。用友善的态度和他们一起工作，齐心把软件做得更好。

——Max

运营开源项目社区其实非常简单

想要维护好开源项目社区，以及让社区稳步地壮大，本质上来说取决于三件事：

1. 让人们变得乐于贡献代码。
2. 移除有碍于参与项目，以及贡献代码的种种障碍。
3. 把贡献者留住，才能让他们持续贡献代码。

如果你首先能让人们对你的项目提起兴趣，然后让他们开始正式贡献代码，并且保证他们始终对项目不离不弃，那么你才算是成功组织起了一个开源社区。否则你并没有。

如果你发起了一个开源项目或者是想要提升已有项目的社区活跃度，你应该以反向顺序来解决上面的三个问题。假如在还没有解决后两个问题之前就有人对你的项目有了兴趣，但因为后两种阻碍的存在，现在即使他们想参与项目时也无法参与进来，或不太可能在这个项目上停留太久。你也就无法切实拓展你的开源社区群体。

所以我们首先要确保能够留住已有的和新加入的贡献者。一旦达成了这个目标，接下来则要移除参与项目的各种门槛，让对项目有兴趣的人开始贡献出自己的力量。只有这个时候我们才需要开始关注如何让更多的人对项目提起兴趣。

所以让我们开始聊聊如何反向实现每一个步骤。

留住贡献者

我曾经协助建立过 Bugzilla 项目（https://www.bugzilla.org/）的开源社区，这是我们曾经面临过的最大的挑战。一旦某人开始参与项目贡献，有什么办法能让他一直贡献下去呢？我们如何留住贡献者？

关于解决这些问题我们有一个有意思的先天优势，这个项目是现存的最早的几个开源项目之一，从 1998 年年底就开始运作了。所以我们有大批量的数据可供挖掘。

我们采用了两种方式对这些数据进行挖掘：首先我们对所有过去离开了这个项目的人做了一个调查，询问他们为什么离开。这个调查允许他们自由发挥，允许人们填写他们想要回答的任何答案，然后我们制作了一份图表，用于展示整个项目十年来贡献者数量的变化，然后将图表的起伏与这么多年来我们采取的或者是没有采取的各种行动关联起来。

当一切完成之后，我给 Bugzilla 项目的全体开发者发送了一封邮件，邮件中详细描述这项研究的成果。如果你有兴趣的话你可以阅读整封邮件内容，但是我会在这里总结一些其中的发现。

1. 不要让主干太长时间止步不前

Bugzilla 项目有一个和其他系统类似的，可以说是相当标准的代码管理方式，首先它拥有许多稳定的分支用于承载小的需求变更（比如我们会向"3.4"分支上提交修复 bug 代码，然后发布类似于 3.4.1，3.4.2 等的小版本），而"主干"代码仓库用于承载大的功能需求，最终演变为下一个主要发布版本。

在过去某个时间段，在主版本发布之前，我们会将主干"冻结"一段时间。这意味着几周甚至几个月内都无法开发新的功能，直到我们认为主干分支已经足够稳定且可以作为"发布候选人"之后，才会从主干创建一个新的稳定分支，然后重新开放开发主干代码用于添加新的功能。但在主干代码被冻结的时间里，Bugzilla 项目里不会开发任何的新功能。

图表非常清晰地显示出每当我们将主干冻结住，社区人数就会极具萎缩，直到我们解冻了好几个月之后，社区规模又才会恢复到之前的水平。无论经过多少年多少个版本的迭代，只要我们将代码冻住，这个现象就会有规律地发生。

传统的开源社区智慧认为，人们喜欢在添加新特性上，而不是在修复软件错误上工作。我不敢说它是绝对正确的，但是我想说，如果你只允许人们修复错误，那么他们中的大多数都不会耐着性子留下来。

我们解决这个问题的方式是不再冻结主干代码。取而代之我们会在之前"冻结"主干代码的时间点立即创建一个分支。并且主干也始终保持着开放的状态，用于接纳新功能的开发。

是的，正如你预料的那样，我们的注意力会被分散在主干和最新的分支上。当我们在提交修复代码时，需要同时提交到分支和主干上。在开发新功能的同时我们也要兼顾解决 bug 修复问题。但我们发现这么做不仅让我们的社区迅速壮大，也让我们发布新版本的速度变得更快了。最终带来了一个双赢的局面。

2. 离开是不可避免的

调查发现贡献者离开的首要原因是他们没法挤出时间来参与贡献了，又或者他们当初贡献代码是因为工作上的需要，现在他们换了一份工作。总的来说贡献者的离去是在所难免的。

所以如果社区成员注定有一天要离开的话，拓展社区的唯一方式就是想办法留住**新的**贡献者。如果你不这么做，社区会随着旧成员的离去而逐渐地萎缩，无论你做什么都于事无补。

虽说把现有贡献者留下来也很重要（毕竟你想要人们留下来，想让他们尽可能长时间贡献代码），但最重要的还是留住新的贡献者。那么你应该怎么做呢？这就是我们下面要讲的内容了。

3. 及时响应贡献者的反馈

Bugzilla 项目自带一套代码评审的机制，在这套机制下所有新提交的代码，都必须由有经验的开发者评审过后才能正式成为 Bugzilla 项目的一部分。这些年对这个机制的抱怨声不绝于耳，但调查显示人们离开项目是因为评审耗时太长，而不是因为评审过于严格。事实上如果需要的话，评审标准的严格程度完全可以提高好几个级别，只要你能够在某人提交代码之后立即对其进行评审。

人们（通常）不会介意对他们提交的代码进行再次的修改。甚至不介意修改多次。他们实际上介意的是当他们将代码提交上传三个月之后才得到评审的答复，告知他们需要对代码进行修改，然后还需要再等上三个月才被告知又要进行一次修改。延迟才是他们离开的最重要的原因，并非因为对于质量的苛求。

也有一些其他快速响应贡献者提交的代码的方式。举个例子，立即对提交代码的人表示感谢就是一个屡试不爽的办法，能大概率把新的贡献者"转化为"长期的开发者。

4. 表现出极度的友善和不加掩饰的感激之情

对于每一个回复了我们调查的人，除去"我换工作了"和"我没有时间"外，其余离开的原因都是出乎意料的个人原因。

我知道我们的工作都在和计算机打交道，或许我们还认为工程学完全是冷冰冰的科学专业，我们完全依靠机器提供的能力才能精准地完成工作，不用担心情感或者是个人因素的影响。但事实并非如此，例如人们与社区成员的互动、他们感到被欣赏的程度，以及他们感到被攻击的程度，**这些实际上是对社区成员的去留产生影响的最重要的因素**。

当人们在以志愿者的身份做出贡献时，他们并不奢求任何金钱上的回报，他们获得的是尊敬、赞许，以及将工作圆满完成的满足感，还有参与一个能够影响数百万人的产品所带来的成就感。所以只要有人贡献了一份自己的代码，**你就应该对他们表示感谢**。即使这份代码是完完全全需要被重写的垃圾，**你依然要对他们表示感谢**。因为他们对此已经投入了不少的汗水，如果你不这么做，**在正式加入之前他们就已经想要离开了**。

毕竟大部分人在他们的工作场所或多或少还是得到了少许回报的——毕竟他们待在那里有薪水可以领！他们没有必要为那些不会感激他们的组织免费工作，或者更甚，有的组织不仅不会对他们表示感激，还会攻击他们提交代码中的方方面面。

当然，你依然需要纠正贡献代码中的某些错误。"友善"并不意味着把糟糕代码合并进入系统中，这么做对任何人都不能算是友善，包括那些技术需要提高的贡献者，这可能会让他们误以为提交代码里的写法是正确的。你依然还是那个心思缜密的代码评审人和优秀的编码者。

这里想表达的是，与指出人们错误相比，更重要的是对他们的贡献中积极的一面表达感谢和肯定。你必须**真真切切地告诉贡献者你对他们的贡献表示感谢**。你越是频繁和慷慨地做这件事，你留住贡献者的概率就越大。

5. 避免对个体进行否定

快速驱使人们离开项目的其中一个原因是，当他们想带来一些积极影响时会遭受人身攻击。一次"人身攻击"可以是看上去微不足道的，例如开玩笑的人不是直接指出代码技术层面上的问题，而是用一个不适宜的笑话来讽刺代码的缺陷。他们不会留下一些有建设性的评论，而是说一些类似于"你没毛病吧"之类的话语。有时人们会把人身攻击诠释为"尝试帮助他们把代码变得更好"又或者"帮助他们提升能力与其他人对齐"。但无论你怎样掩饰这些行为，这些人身攻击都会有损你所在的开源社区。

但不可否认的是，和含有不同观点的人在同一个协作项目上进行编码和工作，有时候确实会让人恼火。和各位一样在这种情况下我也曾经冒犯过别人。但是归根到底我们都需要意识到，不应该因为个人在与他人合作过程中感到不快，而对他们进行人身攻击。

解决之道并非只是告诉大家："每个人听着，把你们心里的不爽都藏着掖着，直到你们无法再忍受为止。"有更多更实际的处理办法。其中一招就是建立起一套特殊的机制应对那些棘手的贡献者们，例如 Bob 受不了某些贡献者，那么 Bob 可以向社区内的某人寻求帮助。

我们将这个 Bob 寻求帮助的对象称之为"社区调解人"。接下来 Bob 会向调解人告知这个问题，或许调解人也认为该贡献者确实是一个麻烦的家伙或者编码能力有限，于是"社区调解人"会礼貌的适当纠正贡献者的某些行为。但另一种可能是 Bob 和这位贡献者之间的沟通出了问题，调解人需要从中调停。

这种"调解人"机制并非解决问题的唯一方式。解决问题的方法有千千万万种——最重要的是你要去解决它。如果缺少渠道或者方法来疏导个人贡献者的挫败情绪，那么这种情绪会在他们之间蔓延开来。你实际上是在间接促成一种氛围，这种氛围在暗示贡献者之间相互人身攻击也没什么大不了的，因为这是他们处理问题的唯一方式，也没有人对此进行劝阻。

基本上总结下来就两条原则：**要真心实意地，甚至近乎变态地和善，并且在这一点上千万不要吝惜。**

我们在过去几个月中把这些原则应用到 Bugzilla 项目的社区维护的实战中，观察到留存贡献者数量有了可观的增长。从 2005 年到 2010 年因为社区没有遵守上面的这些原则，导致人数持续收缩了五年，目前我们终于又感觉社区慢慢变得壮大了起来。

移除障碍

下一个步骤就是要移除准入的门槛。究竟是什么阻碍着人们在贡献代码上迈出第一步呢？

通常来说，最大的阻碍是缺乏文档和方向。当人们想要开始贡献代码时，他们想当然地会去思考应该如何贡献代码。他们会登录你项目的网站大致浏览一下。但依然会产生疑惑，"我应该从谁那里获取这方面的信息？我应该如何开始贡献？你们希望我从哪一部分代码开始？"

对于 Bugzilla 项目来说，我们通过好几种方式来解决这个问题：

1. 列出容易上手的项目

一旦发现某个有待修复的 bug 和功能需求看起来对新手来说比较容易解决，我们就会在我们的 bug 追踪系统里给它加上"优秀入门 bug"标签。积攒一段时间后最终会形成一个优秀的入门项目列表，任何人都能来瞅一眼，也不用再询问我们"我应该从哪里开始"了。

2. 创建文档沟通的渠道

人们总是想即时地和他人进行沟通来获取项目的有关信息。你应该提供一份邮件列表以及一些类似于能实现即时通信的 IRC 频道。举个例子，我们为 Bugzilla 的开发者提供了一份邮件列表，以及几乎所有贡献者都在其中的 IRC 频道。

事实上，我们的 IRC 频道并非像常规意义上那样。我们提供了一个 IRC 频道的网页版本，人们可以直接在上面进行聊天。通过这种方式，人们不必安装一个 IRC 的客户端来专程的和我们交谈。网页的成功搭建吸引了更多新人来到频道里和我们进行交流。（新加入的用户带来的影响全部都是正面的——我想象不到一个人会通过网页这种途径来给我们找麻烦。）

一旦你把这些频道都准备好之后，就需要通过文档将它们记录下来！人们需要知道如何加入，还需要知道他们的存在。我们有一个百科页面来用来说明，如果你想为项目贡献自己的一份力量的话，可以通过什么方式和我们沟通：

```
https://wiki.mozilla.org/Bugzilla:Communicate
```

这条链接里的内容说明了如果你希望贡献自己的一份力量的话，应该如何与我们沟通。（注意这个页面与允许项目帮助的页面不同，帮助页面描述的是如何获得对项目的帮助与支持。）

最后一个也是显而易见的重点是，现有的团体必须将沟通频道用起来。如果大多数的贡献者只是在办公室内完成他们的工作，只是与坐在周围的人交谈，也从不使用邮件列表或者是 IRC 频道，那么社区的成员也不会有任何使用这套通信机制的欲望。毕竟新加入的通信者相互之间也不会交谈——他们去那里的唯一理由就是与你进行沟通！

3. 用优秀的、完整的以及简单的文档，描述一次代码提交应该是什么样的

把开发涉及的每一个步骤都完整地用文档记录下来，并且把文档放在大家都能访问的网站上。不要去发明一套新的流程，将现有流程记录下来就好。例如人们是如何获得代码的？他们应该如何提交补丁或其他贡献？这些贡献者们应该如何成为系统官方中的一员？

我们有一个非常简单的页面用于描述整个流程下所有的基本步骤，每一个步骤都链接到一个更详细具体的说明页面：

https://wiki.mozilla.org/Bugzilla:Developers

这个页面的存在也同时在鼓励人们来与我们进行交流，这样我们能知道还有哪些地方需要改善。

4. 让所有的文档更容易地被找到

最后一步非常简单，但有时候项目却常常把它忘得一干二净！你可以拥有世界上所有最棒的开发者文档，但是如果新的贡献者无法非常容易地找到它，这意味着你并没有很好地移除准入门槛！我们在 bugzilla.org 的主页上设置了一个巨大的"贡献！"按钮，这个按钮点击之后呈现的页面列举了所有人们可以做出贡献的方式（不仅仅是代码方面！），还将这些内容的有关信息链接也提供出来。

在完成上面的这些所有步骤之后，我们观察到贡献的信息无论是数量上还是质量上都有所增长。同时因为我们将所有的文档都在公开的网站上清晰地呈现出来，也意味着我们不需要每一次都对每一位新加入的贡献者再次解释所有相同的内容。

方向和文档并非你需要解决的唯一问题。问问自己："是什么阻碍了人们贡献自己的代码？"然后把你能想到的问题都统统移除掉。

让人们对项目感兴趣

你如何才能够让人们惊叹道："哇，我太想为这个项目贡献一份自己的力量了！"这是在他们在成为贡献者之前必须要经历的一个步骤。传统智慧认为人们之所以想要为开源项目贡献自己的代码是因为：

❑ 他们乐意提供帮助。
❑ 他们享受成为社区的一分子。

❏ 他们想要回馈。
❏ 他们认为某件事是错的，并且他们需要 / 想要将它修复。

所以你或许认为你要做的可能是让项目显得更需要帮助，告诉他们这里的社区氛围非常融洽，你的贡献会得到感激和回馈，有非常多的问题需要解决等。

客观来说我并没有在 Bugzilla 项目上完全实践这些方法，或者搞清楚它们是否真的有用。只能说我个人在这方面没有太多的经验。但是如果我们分析其他的项目，就可以看到另一些争取到贡献者的好的方式……

成为一个超级受欢迎的项目

这一点也许是显而易见的，但是它确实是吸引新的贡献者的最主要的方式。如果有不计其数的用户在使用你们的产品，从统计学的角度来说他们中注定会有一定比例的人想要贡献自己的代码。Linux 内核与 WordPress 就是这种情况最好的例子，他们拥有数百万的用户，自然而然也就带来了非常多的贡献者，让"准入的门槛"和"留住贡献者"的问题也能迎刃而解。

成为超级受欢迎产品的其中一个方式是，即使你的项目才刚刚成立不久，也要让它非常被需要。Linux 内核在编写之初，需求的呼声就非常高，这也是其中一个它出现之后变得非常受欢迎的原因之一。人们迫切地需要它，但它还没有出现。

用热门的编程语言编写项目

通常来说人们倾向于对一个用他们熟悉的编程语言编写的项目做出贡献。WordPress 拥有一个庞大的贡献者社区群体，因为它是用 PHP 编写的。无论你对 PHP 的印象是什么，都不可否认它是一门非常受欢迎的语言。许多人已经对这门语言非常熟悉了，这提升了他们当中一些人开始贡献代码的可能性。

这并不是你应该选择一门受欢迎的编程语言的唯一原因，但是如果你打算将一个开源项目持续运营下去的话，这会是一个主要的推动力。比如我可以认为 Eiffel （https://www.eiffel.org/）是一门不错的编程语言，但如果用它来编写一个开源项目，我会很难争取到贡献者。

除了这些技巧之外，还有很多比较明智的方式能够让人们开始对你的项目感兴趣，包括在行业大会上演讲，发布博客，一对一地向人介绍你的项目，这些方法围绕的主题都是"鼓励和沟通"。

我也希望能听到一些关于这方面你的想法。你是如何让人们对你的项目感兴趣的？有任何成功的案例吗？

总结

一个开源社区是具有流动性的。总有人因为某些原因来，也总有人因为某些原因离开。但重要的是让新人加入并留下的速率大于旧人离开的速率。以上所有的这些内容都是为这个观点服务的，希望它们能够让我们的社区变为对于每个人来说有活力以及氛围愉悦的乐园，甚至让我们自己也乐在其中！

——Max

第六部分 *Part 6*

理解软件

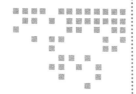

什么是计算机

要理解什么是软件，首先需要理解究竟什么是计算机。

当下你可能会认为这是一个非常简单的问题。毕竟我就正在通过敲击计算机键盘将这些内容记录下来，应当对它有所了解，不是吗？我的意思是虽然很明显我现在使用的就是一台计算机！它有一个键盘、一个显示器，下方还连接着一个类似于箱子的物体……

但究竟是什么让所有这些组合起来成为一台计算机？为什么我们看到它自然会脱口而出："噢，那是一台计算机。"而不是说"噢，那只是一台电视"又或者"那是我晚上圈养小精灵的地方"。

有的人尝试通过描述"它拥有这样那样的部件，并且通过某种方式运作"来定义"计算机"这个词，但是这种说法无异于用"飞机拥有两个机翼和喷气式引擎"来定义飞机。这样是没有错，但是我也可以建造一架没有两个机翼或者不带喷气引擎的飞机。这种飞行装置就不适用于刚刚的定义了。

也有些人尝试用数学的方法定义它，但同样有局限性，因为这样一来只有符合你的数学理论的设备才能算是计算机，可除此之外，还有很多数学模型能被称为"计算机"。

所以我转而在词典中查找定义。我对此乐此不疲——我是一个词典迷。我有大量大部头的词典，除了线下资源以外，还有更多的线上资源可供查阅。《简明牛津英语词典》里对计算机有一段近乎完美的定义：

计算机
名词
　　一台能够根据预定的指令集存储和处理信息的电子设备。

我起初对这则定义感到非常满意，但是当我开始慢慢品味它时，似乎也有不尽如人意的地方。举个例子，它称计算机为"一台电子设备"，但也存在完全不用通电的计算机。毕竟 Charles Babbage 在 19 世纪设计出来的第一台被公认为是计算机的设备，是完全不需要由电力驱动的。

所以我打算自己想出一个定义来。奇怪的是，最关键的问题在于你需要回答"为什么一架自动演奏钢琴不能算是计算机"？它通过演奏记录在打孔纸卷上的音符来"处理信息"。通过蚀刻机，我们还能将"存储信息"回写至纸卷上。但无论如何，它显然不能算是一台计算机。有什么行为能够从根本上区分计算机和自动演奏钢琴呢？也就是说，什么事情是自动演奏钢琴永远也做不到的？

大约在两年后，我终于想到了一个易懂同时也能够全面概括这个概念的描述：

> 计算机是能够执行一系列符号指令，并且通过对数据进行比较以帮助人们达成目标的机器。

朋友们，就是它没错了。注意关于这个定义有几个重要的地方：

❑ 计算机能够对比数据。这有别于其他能够接受人类输入的机器。
❑ 计算机不仅能接受单条指令，还能接受一系列指令。比如一台简单的计算器只能处理一条指令，而计算机则强大得多，使它们区分开来。
❑ 和键盘上的一次按键一样，一次鼠标点击也可以算作"符号指令"。但是作为程序员，我们主要使用的符号指令是编程语言。所以作为程序员的我们在讨论该如何提升我们工作产出的质量时，更多的是在关心我们的程序的结构设计。

也许这只是一个显而易见的说法，但是它为我即将在后面几章里大篇幅讨论的，关于如何组织软件架构背后的哲学原理提供了最基本的逻辑支撑。

——Max

第 25 章 *Chapter 25*

软件组件：结构、操作和结果

如果你有网站开发相关经验的话，你肯定听说过一个软件设计领域非常流行的设计模式，或许大部分桌面端应用的开发者也听说过：我们的老朋友，模型 – 视图 – 控制器（Model-View-Controller，MVC）模式。

这个模式之所以如此成功，是因为它反映了一个计算机程序最基础的本质：当一系列操作（action）施加于具有特定结构（structure）的数据之后，就会产生某种结果（results）。当然你的程序也需要接受各种输入，你可能会争辩需要把输入作为程序的第四个组成部分，但是我通常还是认为计算机由前三个部分组成：结构、操作和结果。

在 MVC 的语境里，模型就是结构，控制器替代了操作，视图则是结果。我认为结构、操作和结果的比喻，可以精准地广泛适用于当下每一个应用程序，不仅限于 MVC 架构，尽管 MVC 对图形界面应用程序（GUI）来说是一种非常好的方式。

结构、操作和结果或许能够用于描述现存的所有机器。

一台机器可以拥有一些无法活动的部件，比如一个大型框架——这就是结构。一些可以被灵活控制并且参与实际工作的组成部分——这种动态的部分就是操作。最后机器会产出实体物品（否则它对我们就没有意义了）——这就是结果。

计算机程序并非传统意义上的机器，因为它们能改变自己的内部结构。无论如何非常重要的一点是，程序的某些部件依然是非常固定的，从逻辑上说它们"无法活动"。比如相互关联的类、方法和变量的名称——它们都是在程序运行时通常不会发生更改的结构组成部分。

当然有时候你会在程序运行时创建新的类、方法或者变量，但是他们通常都是按照预先设计好的计划执行的，所以说"无法活动"的部件占比依然很多。

> 当我在编写软件时，我通常首先把结构搭建起来，然后编写操作部分，最后处理展示结果。

有的人会从结果出发反向开始工作，这样也没有问题。但最不明智的选择或许是从操作部分开始入手，因为在既没有结构也没有结果的前提下执行的操作实在令人困惑。

关于这个主题我还能再写一本书，但我觉得这样篇幅的介绍已经足够了，并且我非常肯定你在阅读这些内容之后，还可以联想出其他有用的应用。

——Max

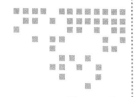

重新审视软件：SAR/ISAR 概念详解

在上一章中，我提到任何计算机软件都由三个主要部分组成：结构、操作和结果。

一个程序或许还可以存在输入这类元素，它可以被认为是软件的第四个组成部分，尽管通常是用户而不是程序员创造了这一部分。所以我们既可以把这组概念缩写为 SAR，也可以缩写为 ISAR，这取决于我们是否想把"输入"这个概念也归纳进去。

现在可能有读者误会我的意思，以为"SAR 只是 MVC 的另一个名字"。不，我只是用 MVC 为 SAR 举例而已，并且 SAR 的应用场景比 MVC 要宽广得多——它们不可相提并论。

> MVC 是一种用于软件设计的模式，而 SAR（或者 ISAR）则是对于所有软件中三类（又或者四类）组成元素的描述。

SAR 的迷人之处不仅在于它对整个程序适用，对程序的任意组成部分也同样适用。一个完整的程序拥有结构，但是单个函数或者是单行代码也同样拥有结构。对于操作和结果这两个概念也是如此。

接下来我们会对这些概念做更详细的介绍，并且通过例子加以说明。

结构

这里有一些在完整程序中能够被当作"结构"的一些例子：

❑ 代码的文件夹分布。
❑ 所有的类以及它们之间的关联方式。
❑ 如果你的程序需要用到数据库的话，数据库的结构（模式）也算是一种结构。

注意数据库中存储的数据并不能算作结构。如果你程序会生成数据并且将数据存储在数据库中，那么它们应该算作结果的一部分。如果数据已经存在而你的程序负责对它进行处理，数据则算作输入。

一个独立的类（站在面向对象的角度上说）也拥有结构：

❑ 类里各种方法的名称，以及它们需要处理的参数的类型 / 名称。
❑ 类里变量的名称和类型（成员变量）。

无论一个函数（或者变量）是私有还是公有，它都算是结构的一部分，因为结构就是用于描述的这个东西是什么的（与之相反的是这个东西能做什么或者是能产出什么），而"私有"或者"公有"恰恰是用来描述这个东西是什么的词组。

结构是"程序的组件"或者是"程序的组成部分"。所以函数的名称和类型、变量的名称和类型，以及类——这些都是结构。

结构只是"摆在那里"。除非程序中的其他部分用到它，否则他不会给自己找事做。举个例子，方法不会调用它自己，它只是在那等着被调用。一个变量不会塞给自己数据，它只是在那里等待着你对它进行处理。

操作

与一个完整程序有关的操作非常好理解。一个税务软件就是用来"处理税务"

的，一个计算器程序就是"用来计算"的。

操作一定是动词。"计算""修复""添加""移除"，这些都属于操作。通常它们被用于某些具体的描述，比如"计算明年在非洲大陆会有多少的降雨量"，又或者"把损坏的硬盘修好"。

在一个类里面，操作就是方法内的代码。你可以把它们当作各种各样不同类型的操作——有些事已经发生，有些事将要发生。在许多的编程语言中，你还可以在任意的类或者函数之外编写代码——那种启动程序时才运行的代码。它们也属于操作。

结果

每个程序，每个函数，每一行代码都会产生一些影响。它们会产生某种结果。

任何一种结果总是能用过去式来描述——它是某种已经被完成或者创建过的事物。比如"降雨计算完毕"或者是"硬盘修复完毕"。在一个税务软件中，结果要么是"已报税完毕"要么是"税单填写完毕"。正如你看到的，听上去它们像是操作，只不过是处于完成状态而已。

尽管如此你没有必要非要用过去式来描述结果。我只是说它可以用那种方式描述而已。举个例子，对于计算器程序而言，通常我们把相加的结果称为"和"（并不是过去式，只是一个名词），但是你也可以说相加的结果是"相加之后的数字"（这就用到了过去式）。你看它们其实同一件事情，只不过用不同的方式描述而已。

你程序中的代码片段也产出结果。当你调用一个方法或者函数时，会得到一个非常具体的结果。它会返回给你一些数据，或者它会造成一些数据的改变。

无论程序（或者程序的某一部分）最终会产出什么，它们都算是结果。

在一行代码中体验 ISAR

我曾经说过 SAR 原则对一行代码也同样适用，但当时并没有给出一个例子。因此现在给出这样一行代码：

$$x = y + z$$

在这一行中 y 和 z 是结构的一部分。它们都是用于承载着数据的变量。打个比方，好比壶就是一个用来装水的结构。一个变量则是用于承载数据的结构。

存储在 y 和 z 中的数字可以被认为是输入。它们是我们需要进行处理的数据。

+ 号代表操作："将两个数字相加。"
= 号也是一类操作："把结果存储在 x 变量中。"

最后想当然的，结果就是 y 和 z 相加之后，存储在 x 中的和。如果 y 是 1 并且 z 是 2，那么结果就是 3，3 也就被存储在了 x 中。（同样需要注意的是 x 自己也是一个变量，所以也算是结构的一部分，但是再探讨下去就过于学术了。）

总结 SAR

SAR 是一组能够应用于任何编程领域的通用概念，无论你现在正在编写大型应用还是只在编写单行的脚本代码，它全部适用。它不是那种每次你在写代码时，需要深思熟虑之后才能应用到编写实践中的理论，但是它能够帮助我们分析和理解一段应用程序——特别是在你探寻我们应该如何提升一个程序的设计质量方面，相信它能带来不少的启发。

——Max

第 27 章　*Chapter 27*

软件即知识

　　我通常不会深入探究我文章背后涉及的哲学相关内容，但是我最近越来越意识到我的想法其实涉及了一些哲学原理，这些原理值得被分享出来，这也是这一章里想聊的。

　　其中的一些哲学原理在我工作相当长一段时间内，直到将它们真实应用到不同的场景里，以及和多数人交换过关于它的看法之后，才算是正式形成。这个特别的想法——这个我已经完善多年，关于如何看待软件以及软件是如何运作的理论，某种程度上可以算是在我心中已经酝酿许久。现在是时候将它的其中的部分正式记录下来了：

> 软件从根本上来说是由知识组成的物体。它遵从所有与知识相关的规则和定律。它展现出的行为也和在任意场景下知识展现出的行为一模一样，除了不同软件体现的具体形式会有不同。

　　举个例子，当软件过于复杂时它很容易被误用。而当软件出错时（比如有了一个bug）它还有可能会给他人造成伤害以及引发问题。同样当人们对代码一知半解时，人们可能会无法对它们做出正确的修改。所有与知识有关的方方面面对软件也同样适用。错误的数据可能会导致人们犯错，错误的代码也会导致计算机犯错。我不是说计算机和人是可以相提并论的——我是说软件和知识可以相提并论。

有人会希望知识可以用更有意义以及更富有逻辑的形式体现出来。同样的，有人也希望软件，特别是代码，也表现得更有意义和更富有逻辑。因为代码就是知识，在人们阅读代码时，在脑海里它们应该能够立即被翻译成知识。如果代码做不到这一点，那就意味着代码其中的某部分过于复杂——或许是底层的编程语言或者是系统，但更有可能因为软件设计者创建的代码结构不够简约。

当我们在渴望知识时，可以通过不同的方式获取它。有人通过阅读获取知识，有人通过思考获取知识，有的人通过观察，有人通过实验，还有人通过交谈等。总的来说我们可以将这些方式划分为两类：是在自力更生获取信息（观察、实验、思考等）；还是在借助他人获取知识（阅读、聊天等）。

有时候我们必须依靠自己的力量来获得知识，特别是在某些我无法依赖他人来完成任务的场景下。举一个极端的例子，当我还处于幼小年纪，身体还尚未发育时，我必须依靠我自己的双腿学习行走，这好比是在进行成千上万次的实验。我或许不时地需要一些协助，但是这种能力主要还是必须由我亲自习得。

还有一些情况我们不得不依赖二手信息，例如某人想获得一份好的工作用于谋生，他其实有非常多的知识需要了解——单凭他的个人渠道无法获取到这么多的信息。这时候我们就需要他人的帮助了：别人的经验和知识都可以传授给我们。

当在判断某人解决问题时是需要编写新代码还是使用已有代码的时，这些原则也同样适用。你基本上不太可能包办从软件到硬件层面的所有代码，或者独立开发出当下十分受欢迎的软件。

当然有一些代码没有地方可复用，只有熟悉业务的我们才有资格编写——这部分代码通常是正在开发的产品的特殊业务逻辑部分。但是更多的时候我们还是要依赖现有的代码，就像作为人类个体我们必须依赖二手知识生存一样。

这些原则也可以用于在不同的开发者之中分配工作，是让人用第一手信息提前编写一部分代码会更快，还是让一群人同时对一个现有系统（二手知识）进行代码修改（对他们来说也算是第一手信息）会更快？

　　答案很明显是依情况而定，尽管这里提出的观点并没有多新奇（有些程序员比其他人更了解系统，所以他们可以更快地完成），但是我们将结论推导出来的方法很重要。首先我们从理论上说明软件就是知识，然后我们发现了一条逻辑清晰的思路，它指向现存的一些普遍成立的原则。这意味着我们可以从这些已知的原则中找到其他更有用的信息。

　　当然这套理论本身并不是一套科学的理论框架。它只是一个有助于推导出一些关于软件开发准则的想法而已。事实上，我想说这是我已经完善多年的关于软件开发的涉及面最广的哲学理论之一。

　　它可以说涵盖了方方面面，还能用于解释一切的行为。我可以继续坐在这里，花费大量时间从理论上完善这个想法，但是在这一章中我的目的其实是展示给你一个阶段性的总结，让你在将来研究软件相关的问题时，能够有意识地对你的所见所闻进行探索：这些所见所闻即是知识。

——Max

第 28 章 *Chapter 28*

技术的使命

总的来说：

> 当技术被用于解决实体物质、能源、空间又或者时间方面的问题时，最终的结果通常是成功的。而当尝试用它解决与人相关的比如思维、沟通、个人能力等问题的时候，它通常是失败的，甚至会事与愿违。

举个例子，互联网的出现极大地解决了空间上的问题——它让我们可以和世界上任意一个人进行实时的交流。但是它不会让我们成为更好的沟通者。事实上它反而给许多非常差劲的沟通者提供了一个广阔的平台，让他们能够在上面传播仇恨和恐惧。

这并不是在批判整个互联网就是坏的——我个人其实非常喜欢它。我只是在用一个例子说明技术善于解决什么样的问题以及不善于解决什么样的问题：

> 这个理由、原则或者说规则，能够帮助我们提前辨别什么样的软件设计目标，或者软件创意是更有可能成功的。

专注于用技术解决人类相关问题的公司更有可能失败。使用技术解决与实体物质相关问题的公司至少还有成功的概率。

有什么关于这条规则的反例吗

看上去似乎存在一些关于这条规则的反例。举个例子，Facebook 存在的意义不就是将人们连接在一起吗？这听上去是一个与人有关的问题，并且 Facebook 也做得非常成功啊。但是将人们连接起来并不是 Facebook 实际上在做的事情。它提供的只是一个供人们沟通的媒介而已，它并没有主动将人们联系起来。事实上，我认识的大多数人都对沉迷于 Facebook 感到反感——人们把时间都花费在了网络上，而不是对人类而言更为珍贵的线下生活中。

所以我要说的是无论 Facebook 是否有意在解决这些问题，它其实是恶化了人们之间的矛盾（例如加剧了对连接的渴望）。但是它也有效达成了其他的一些目的（移除了沟通过程中跨越的时间和空间的阻碍）。

再一次重申，这并不是有意在对 Facebook 进行攻击，我始终认为它是一家充满善意的公司。在这里只是用上面所说的"技术只能解决物理世界中的问题"原则，来客观分析它成功达成了哪些目标。

技术的进步是"好的"吗

这条规则也可以用于辨别技术的进步是否是"好的"。关于技术的进步我始终存在一种复杂认知——它真的给我们带来一个更好的世界吗，又或者它让我们成了机器的奴隶？答案是技术本身并没有好坏之分，但是当它在被尝试用于解决与人相关的问题时趋于变坏，而当它聚焦于解释现实世界物质有关的问题时趋于向好。

但我们当前的文明还是不能没有技术的存在，它给我们带来了公共卫生系统、中央供暖、自来水和电网，以及我在写这篇文章时所用的电脑。技术是对我们的生存来说至关重要的一股力量，但是我们要牢记它并非所有问题的答案——它不会让我们成为更优秀的人，但是它能让我们活在一个更好的世界里。

——Max

第 29 章 | *Chapter 29*

简单地聊聊互联网隐私

最近在互联网上有很多关于隐私的讨论。有人说只有那些有不可告人的秘密的人才需要隐私。但也有人坚持隐私是基本人权，在未经允许的情况下不应该被侵犯。

只有一个问题伴随着争论一直存在：什么是隐私？为什么每个人都需要它？但鲜有人对它做出定义——因为大多数人似乎想当然地认为"每个人都知道"隐私是什么，所以何必还要费力去解释呢？

我并不认为"每个人都知道"隐私是什么。事实上隐私通常代指两类不同的事物，而当我们在讨论隐私时这两个概念会交替互换出现。为了平息一些网络上的争吵以及帮助化解矛盾，这里会对隐私是什么、为什么人们需要隐私给出一些定义以及进行讨论。

空间隐私

第一种类型的隐私是"空间隐私"。这类隐私权能够决定谁能或者不能进入一个特定物理空间，或许是因为你正处于那个空间，所以你并不希望某些特定的人进入这个空间。"进入空间"从定义上说也包括采取任何的方式方法来感知空间内发生的一切——如果某人站在门外将耳朵贴在门上偷听你们的谈话，那么他的这种行为也算是侵犯了你的隐私。如果某人在未经你同意的情况下在你的房间里安装了摄像头，那么他的这种行为更是侵犯了你的隐私。

这种形式的隐私是实实在在的。它的适用范围仅限于物理空间，从字面上理解就是说"我可以允许，也可以禁止你感知这个物理空间里发生的一切，我拥有掌控这件事的权力"。

我们之所以想要这种形式的隐私，最主要的原因是我们想要保护某人或者某物避免受到伤害，这里保护的对象通常是我们自己。伤害可能是微不足道的（比如我们不希望被人们反复穿越我们房间的动静所打扰），也能是纯粹社交上的（比如当我们进入洗手间时会把门关上，因为我们知道他人对我们在洗手间里的状态并不感兴趣，我们也不希望把这种状态公之于众），又或者极度危险的（德州电锯杀人狂不应该出现在我的衣柜里）。

关于这种形式的隐私有趣的一点是，我们通常不认为动物、植物、又或者实实在在的实物会对空间隐私产生侵犯，即使它们在进入空间时并没有经过我们的允许。也许某只猫咪在未经许可的情况下进到房间里会让你感到心烦，但是你也不认为它"侵犯了你的隐私"不是吗？

> 所以这种形式的隐私和计算机程序无关，因为我们不认为与我们共处一室的计算机程序侵犯到了我们的隐私空间。

我的文字处理软件不会侵犯我物理空间里的隐私，即使它与我"在同一个房间里"，因为它没有任何感知能力。唯一的例外是如果某个计算机程序将它接收到的一切（图像或者声音）传送到某个我们并不希望传送到的地方——这就算是侵犯隐私了，因为当我们不希望这一切有人知晓的时候，某人还是能够通过这个软件感知到空间里发生的一切。

当计算机软件涉及传播这类隐私的时候，侵犯与否就变得非常容易分辨了。如果一个计算机程序把它在我空间内的所见所闻，在未经我允许的情况下发送到了任意某个地方，这绝对就算是侵犯隐私了，这对我毫无益处，它应该立即终止这种行为。但这还不是我们在互联网上通常讨论的那种隐私类型。

信息隐私

第二种类型的隐私就是"信息隐私"。这种类型的隐私决定了某些人是否应该知晓某些事情。在计算机程序和互联网语境下，这才是我们通常讨论的隐私类型。

为什么会有人希望隐私信息得到保护？只是因为他们有不可告人的秘密吗？是为了干坏事或者是为了掩饰犯下的罪行？可能有时候是这样的。确实存在一部分人借用"隐私"的由头来让他们免受法律和道德的约束。这部分人群可能就是隐私概念背后的黑暗面——只要对于"隐私"的定义还模棱两可，这些人就会更容易地借用"隐私"来为自己干下的坏事作为辩护。

但这只是人们想要信息隐私的唯一理由吗？如果是一个正常的人，他不做伤天害理的事情，他们会想让一部分的隐私信息得到保护吗？

人们追求信息隐私是有绝对正当的理由的，这个理由与人们想要空间隐私的理由相同：

> 独立的个体或者团体之所以希望信息隐私不受到侵犯，是因为他们相信隐私信息在落入他人之手之后，会增加给他们带来伤害的可能性。

这里有一个非常直接的例子：我认为一名罪犯在知晓我的信用卡号之后会对我带来伤害——远比他不知晓的时候带来的伤害要大。

在某些特定的国家里面，一旦在互联网上访问了特别的几个网站或者与特殊的几个人进行了交流之后，就会导致我遭遇不测或者是面临牢狱之灾。在这种情况下，毫无疑问如果他人知晓了我的浏览器历史记录也会给我带来伤害。

当然，如果一个人想方设法让有关他的一切信息都处于私密状态，那么他也不太可能在世界上生存下去。如果你用五毛钱购买了一颗糖果，那么收到五毛钱的人就知道你拥有五毛钱。他们也会知道你把它放在钱包里，又或者你从裤兜里掏出来。如果你没有戴口罩出门的话，他们会看到你长什么样子。他们也会知道你有五根手指，以及你在某个时间来到了他们的商店。

> 简而言之，无论你从事什么样的职业，为了生存，你必须和他人交换信息。你要做的事情越多，你需要交换的信息也就越多。

通常来说，他人对你了解越多，他们越能给你提供更精准的帮助。比如银行知道我所有的交易记录，所以他们能够为我打造一个在线系统便于我查阅和搜索交易记录。这些信息可以被银行内的员工看到，但是我不认为这种潜在的威胁足以超过银行保有这些记录给我带来的便捷收益。

我使用的网页浏览器也存有我访问某些站点的密码，所以它们能够在我登录时帮把我自动把密码填充到输入框中，节省了我输入的功夫。当然也存在有人从我电脑中将信息偷走的可能，但是这种概率小之又小，而保存密码带来的好处又是可观的，所以我认为将我的密码存储在浏览器中还是可以接受的。

像这样的例子非常多——恰当地使用信息会带来极大的便利，不恰当的使用方式才会带来伤害。

那么由谁来决定什么是恰当的使用方式而什么是不恰当的使用方式呢？什么样的信息应该被传送给第三方并被存储，而什么样的信息应该保持私密的状态呢？当人们在进行与隐私相关问题的讨论时，这些都是应该被问及的问题——谁来决定我学习到的知识是否应该也成为别人的知识？在我的信息被共享之前我应该被征询意见吗，又或者应该给予我一个拒绝并且能够将信息删除的选项？是否存在一类信息是永远也不应该被共享的？什么样的信息相比其他信息保证其隐私会更重要？

尽管这种场景相对于"空间隐私"来说远没有那么容易分辨，但是这些问题都可以通过"带来的是帮助还是伤害"来回答。

有人可能会提出以下这些基本问题：

❑ 将信息发送给第三方并交由它们储存，是会立即还是有可能伤害到任何的用户？（记住，"可能"是一个相当宽泛的概念——如果某个不怀好意的人从你这里将信息偷走了怎么办？如果有人收购了你的公司，并决定使用一种你认为不恰当的方式对信息进行处理怎么办？）

- 这份信息给用户带来的好处大于坏处吗？
- 基于以上提到的所有因素，发送信息是可选项还是默认值？（这很大程度上取决于收集信息之后可能会带来多大程度的伤害。）
- 如果发送信息是可选项，它应该是可选发送还是可选不发送？（也就是说它应该是默认打开的状态，当人们不想发送时可以手动关闭；或者它应该是默认关闭状态，人们可以选择将它打开？）
- 如果它是默认关闭状态，这个功能是否依然能给足够多的用户带来帮助，以证明实现它的合理性？

有一些人声称任何有关用户的信息都不应该被发送至第三方并被存储下来，也就是所有的隐私选项都应该是默认关闭状态，考虑到所有信息都会带来潜在的风险，毫无疑问这个提议可以被采纳。但说实话该提议太荒谬了。这一番陈述明显与事实相悖，甚至都没有必要反驳，因为它不合理得实在令人震惊。好比说总存在会给人带来伤害的液体（所以你在美国境内不可以将液体带上飞机）。确实在某些情况下微量的信息泄露都可能造成危险。但这并不意味着所有信息都会带来危险。

我的武术家朋友经常开玩笑说，应该禁止一切物品被带上飞机，因为它们总是能被拿来当作杀人的凶器。同样的道理，无论是何种类型的信息泄露出去，总有人能够利用它们在某时某地干一些伤天害理的事情。如果我知道你的口袋里有五毛钱，我十分肯定我能想方设法让你吃不了兜着走。但是那并不意味着信息实际上就是有害的，只是有带来危害的可能性而已。

"每一条隐私信息在使用前都应该征求用户同意"的想法也是荒谬的。你希望你的浏览器在每一次你加载页面时，都询问你："我可以向这个提供这个网页的网站发送你的 IP 地址吗？"如果你是一名驻扎在敌对国家的间谍，或许你希望这么做。但如果你是普通人，那可能只会给你带来烦躁——你不再会使用这款浏览器，并且转而搜寻其他可以替代的软件。但如果你真是一名间谍或者是反抗组织战士，你可能会使用洋葱路由器（Tor）来避免被追踪。

对隐私进行总结

当我们在谈论隐私时，我们并不考虑"在一些小概率的极端情况下，信息可以带来极大的伤害"这类情况，而是思考在真实世界里隐私给人们带来的是帮助还是伤害。

真实世界里的场景可以是光怪陆离的，也可能是出乎意料的，但至少它们都是真实的，在处理这些真实场景的隐私问题的时候，我相信我们可以在收益和风险间找到平衡，也可以将不同的方案拿出来讨论。这些工作能够帮助你做出一些有利于保护你的用户隐私的决策——你需要他们提供什么样的信息，你如何告知他们你将要获取的信息，你会用这些信息拿来干什么。

所以隐私问题并不是一个偶发性的问题，我们不能将它抛之脑后或忽略它带来的安全危害。它也不是极端到难以解决，因为我们对它束手无策，保险起见不得不万事万物隐私优先。

我们应该实事求是地基于真实世界的场景和数据对隐私问题进行分析，对问题解决方案做出实际和有效的决定。

——Max

简约和安全

提升软件安全性的秘诀之一（也可能是最主要的因素）是保证软件足够简约。

当我们在考虑软件的安全性时，首先要问的问题是："这个软件可能会遭受多少类攻击？"这等同于在问存在多少种"进入"软件的方式。更像是询问："这幢建筑有多少扇门和窗？"如果这幢建筑只有一扇门与外界连通，看守它非常容易。但如果它有 1000 扇门，那么确保这幢建筑的安全似乎就不太现实了，无论每一扇门的安全性如何或者你雇佣了多少负责安全的警卫，都无法做到万无一失。

所以我们需要将"进入"软件的方式限制在指定的数量之下，否则安全无从谈起。通过让整套系统变得相对简约，又或者将它拆解为简约并且完全独立的组件，能够帮助我们达到提升安全性的目的。

一旦我们成功限制了进入软件的方式数量，接下来就要开始思考：

| 每一种进入软件的方式可能会被多少种攻击所利用？

我们可以通过尽可能简化"进入"方式本身来降低这些攻击的可能性。原理类似于一扇门应该只拥有唯一一把可以打开它的钥匙，如果一扇门配有五把不同的钥匙，

那么其中的任意一把都能够把它打开。

如果这部分工作也完成了，然后我们就需要尽可能降低将攻击带来的最大损失。好比在一幢建筑中，我们要确保一扇门只会通往一个房间。

为什么早期的 Windows 操作系统从本质上说就是千疮百孔，从来就没有安全性可言，而为什么基于 UNIX 的操作系统在安全方面有更好的声誉，这两者的差别可以用上面的这些理论进行解释。

标准的 UNIX 系统只提供数量非常少的系统调用供绝大部分 UNIX 程序的实现使用。（即使扩展后系统调用总数也只有大概只有 140 种左右，而且其中的绝大部分在常见的程序中根本没有被使用过。）每一个系统调用所做的工作都极其具体，并且能力十分有限。

而 Windows 操作系统则有一堆十分荒唐并且让人疑惑的系统调用，每一个调用都需要传递太多的参数，所干的事情也过于繁杂。

如果你对系统提供的高级功能稍做了解的话，你会发现 Windows 提供的 API 算是庞大而复杂的。它们像是能够同时控制系统和界面的奇异野兽。而你在 UNIX 中找不到任何与之完全等价对应东西（因为在 UNIX 中系统和界面是完全分离的），但是我们还是可以将它们的部分组件进行比较。例如我们可以比较 Windows 提供的日志 API 和 Linux 下的日志 API，但它们完全没有可比性，因为 Windows 下的日志 API 简直就是个笑话。对于 Windows 操作系统来说，任意一个组成部分都存在太多种类的"进入"方式，导致它从来没有安全可言。

你可能会说，"我的 Windows 机器上已经很长时间没有感染病毒了。"这不是我想表达的重点——我其实是在说操作系统所能提供的最基础的安全保证。为了保证一台 Windows 机器是安全的，首先你必须启用防火墙，每当有程序想与外界进行通信时防火墙都要征询你的同意。其次你不得不装上一个扫描间谍软件的工具。你还需要安装那种会将你电脑性能拖慢 2000% 的防病毒软件。如果 Windows 操作系统真的是安全的，你根本不需要这些东西。

当我们在设计自己的操作系统时，保证它的简约是安全性的唯一保障。我们需要将"进入"系统的渠道设计得越简单越好，坚决不添加任何实际需求之外的"入口"。这些举措还能带来一举两得的积极影响。因为"进入"的方式越简单，我们产生实际的需求也就越少。你可能只有这么想才能领悟到它的意义：如果操作系统能够执行的操作减少到，比如说只有 13 个系统调用，那么用户依靠这 13 个系统调用就能实现他们希望实现的一切，即使它们中的每一个都不是十分的强大。而如果我们只允许他们执行 100 个不同的具体任务，并且不允许他们使用这 13 个基础的系统调用，那么我们不得不为每一个具体任务都添加一个新的函数。

对于一个程序来说除了公共 API 还有其他很多"进入"程序的方式。想象一下用户界面是如何与后端进行交互的。这个过程其实就引入了不少"进入"方式。或者思考一下我们能否从另一个程序中访问该程序的内部结构。这也算是另一种形式的"进入"。这条原则适用的场景还有很多。无论你如何思考，请别忘了：

> 获得安全保障的最佳方式是简单明了。

我们不应该在软件前布置千军万马来保障它的安全。而是应该借助限制软件只提供一些最基础的"入口"，来减少保护的需求，这些"入口"应该是直截了当和简单易懂的，并且还能免受被入侵的危害。

——Max

第 31 章　*Chapter 31*

测试驱动开发和观察循环

我最近一直在关注几个著名程序员对测试驱动开发（Test-Driven Development，TDD）的本质和使用方法的讨论，TDD 是一套软件开发的方法论，主张先编写测试再编写代码。

讨论中的每一个人都有关于如何编写代码各不相同的偏好，都有各自的道理。但是通过观察每一个人的偏好，你能够总结出一条通用的原则："我需要对某件事物进行观察之后才能做出决定。"有些人在他们编写代码时需要观察相关测试的运行结果，有些人则需要通过观察他们正在编写的代码，才能决定接下来的代码要怎么写。甚至当他们在谈论到个人开发规则中的一些例外情况时，也总是会提到把留意到某件事作为他们开发过程的一部分。

你可以说该规则只与调试代码和测试功能有关。在这些领域中它确实起到了很大的作用，但当你和许多资深开发者聊过之后，你会发现这个理念其实是他们整个开发工作流的基本组成部分。他们想要找到一些能够帮助他们对代码进行决策的事物。这类事物不仅仅是在代码开发完毕或者发生 bug 时才会出现——它们在软件开发生命周期的每个时刻都会存在。

这是可以一条可以应用在所有软件开发循环周期中的原则：

观察（Observation）→决策（Decision）→行动（Action）→
观察→决策→行动→······

如果你想给整个流程起一个名字，你可以称之为"观察循环"（Cycle of Observation）
或者"ODA"。

ODA 的例子

我究竟想表达什么？让我们来通过一些例子来更清楚地进行说明。当我们在实践
TDD 时，循环看上去是这样的：

1. 发现问题（观察）。

2. 决定解决问题（决策）。

3. 写一个测试（行动）。

4. 留意测试结果并且判断 API 是否工作正常（观察）。

5. 如果测试结果有误，就需要决定如何修复它（决策），决策完毕之后修改测试
（行动），然后重复观察→决策→行动的步骤直到 API 如你所愿地正常工作。

6. 现在 API 能够正常工作了，继续运行测试直到其他测试用例运行失败（观察）。

7. 设法让测试通过（决策）。

8. 编写一些代码（行动）。

9. 运行测试并观察它是成功还是失败（观察）。

10. 如果它运行失败，就需要决定如何修复它（决策），继续编写代码（行动）直
到测试通过（观察）。

11. 基于软件设计的原则，或者需要解决的问题领域，又或者你在编写先前的代
码时学习到的知识，来决定接下来的工作内容（决策）。

12. 如此往复。

当然还存在其他种类的有效流程。举个例子，另一种可行的方式是首先编写代
码。这个流程与上面的不同之处在于第三个步骤是"写一些代码"而不是"写一个测
试"。而后你可以通过观察代码本身来做出更长远的决策，又或者在编写和观察代码
之后编写一些测试。

开发流程和开发效率

有意思的事情是，据我所知，每一个有效的开发流程都会将流程中的这类循环模式作为它主要的指导思想。甚至像敏捷开发这种大规模的涉及全团队的开发流程也是如此。事实上，敏捷开发只不过是那种已经被抛弃的，需要花费数月或者数年才能完成一个循环迭代开发模式（瀑布模型，也被称为"预先做大量设计（Big Design Up Front）"）的短周期版本（每几周）而已。

所以这么看来短周期似乎比长周期更好。大部分开发者的效率提升，都可以通过将 ODA 循环周期缩短为对开发者、团队或者是组织而言最小的合理时间来达成。

通常来说你可以通过将精力放在缩短观察时间上，来将整个循环周期时间缩短。一旦成功之后，周期的其他两部分就会自行加速（如果它们没有加速，还存在其他的补救方法，但那个就是另一个话题了）。

有三个主要因素会对观察阶段带来影响：

❑ 信息呈现给开发者的**速度**（例如能够快速给出反馈结果的测试）。
❑ 信息呈现给开发者的**完整性**（例如拥有完整的测试覆盖率）。
❑ 信息呈现给开发者的**准确性**（例如测试值得信赖）。

这能帮助我们理解近几十年来某些特定开发工具背后成功的成因。比如持续集成、线上环境监测系统、性能调试工具、代码调试工具、编译器中更明确的错误消息、能够突出显示错误代码的 IDE——之所以所有这些工具能如此"成功"，是因为它们让观察这件事变得更快、更准确或者更完整了。

有一个问题需要注意——你必须确保你呈现信息的渠道，也是人们能从中获取到他们想要信息的渠道。如果你只是无脑地把大批量的信息倾倒给人们，而他们又无法轻易地从中找到他们关心的具体数据，那么这种数据可以说是无用的。好比如果没有人收到过一次线上环境的报警，那么这个报警是否存在也就不重要了。

如果一名开发者一直无法确认他接收到的信息的准确性，那么他很可能就会开始忽略这类信息。你必须确保成功地传递了信息，而不只是将它生产出来而已。

第一轮 ODA

事实上还存在一类能够代表整个软件开发流程的"大 ODA 循环"——发现一个问题，确定解决方案，将它在软件中实现。在这个大循环中，还有许多小的循环（比如被分配到了一个功能需求，确定功能应该是如何工作的，然后将这个功能完成）。甚至在小循环中还存在更小的循环（观察到需求变更，确定如何实现，然后用代码编写），如此往复。

在所有这些可能的循环过程中，最棘手的往往是第一轮 ODA 循环，因为你需要在缺少前一轮决策或者行动的前提下做出观察。

对于"大"循环而言，一开始似乎并没有什么好观察的。因为还不存在任何的代码或者计算机输出！但事实上你至少可以从观察你自己开始。你存在于一个特定的环境中。你拥有可以交谈的人，可以探索的世界。你的第一次观察通常不是代码，而是一些需要解决的现实问题，这些问题的解决能给他人带来帮助。

你甚至可以将观察这个流程本身，视为一个小小的 ODA 循环：环视着这个世界，决定将目光投向某处，然后将你的注意力放在那个事物上面，观察它，随后转移目光用于观察另一个事物。

这条原则能够适用于不计其数的场景中，我只是在这里给你呈现了其中的几个例子。

——Max

测试的哲学

我们会通过科学的方法论来获取关于物理世界中种种现象的有关知识，与之类似，我们通过一种包含断言、观察和实验，并称之为"测试"的系统工具来获取与软件行为相关的知识。

一个软件系统中有太多人们想要去了解的方方面面。其中最常见的需求是，我们想要知道它是否真的按照我们的期望在正常工作。一段按照脑海中特定想法编写的代码，在运行时它真的会如愿以偿地工作吗？

> 从某种意义上说，软件测试是传统科学方法论的反向过程，传统的科学方法论是，你首先需要对宇宙进行验证，然后把实验得到的结果用于完善你的假设。

与之相反的在软件领域中，如果我们的"实验"（测试用例）不能证明我们的假设（测试做出的断言），那么则需要对正在测试的系统做出修改。

也就是说一旦某个测试失败了，很有可能是我们的软件需要修改，而不是我们的测试。当然有时候我们也需要对测试进行修改来确保它能够恰当地反映我们软件当前的状态。

看上去这些与测试有关的调整会给人带来挫败感，也有浪费时间的嫌疑，但实际上这是能产生双向影响的科学方法论中，再正常不过的一个组成部分——有时我们会意识到测试有问题，有时我们的测试会告诉我们系统出现了需要修复的漏洞。

通过对测试的价值、断言、边界、假设和设计进行检视，有助于对我们编写的测试进行重新思考。现在让我们分别看看这五个方面。

测试的价值

测试的目的在于向我们传递系统的有关知识，**这些知识其实存在不同层次的价值**。举个例子，不分场合地测试 1+1 是否依然等于 2 不会给我们带来任何有价值的知识。但是如果能让我意识到，即使我依赖调用的 API 做出了破坏性的修改，但我的代码依然能够正常工作，在这种情形下这部分信息还是能给我带来非常大的帮助的。总的来说：

> 在创建一个有效和有用的测试之前，人们必须要清楚地知道自己想要获得什么样的信息。

只有恰当地对信息的价值作出判断，才能正确领悟应该把时间和精力投入哪些测试中。

测试断言

如果说我们想要知道是什么让一个测试之所以能被称为测试，那么**一定是因为它对某件事做出了断言**，并且告知了我们断言的结果。人工测试人员可以对事物作出性质上的断言，比如某个颜色是否足够吸引人。但是自动化测试作出的断言必须是计算机有能力给出的，通常是判断一些可量化的具体陈述正确与否。

> 没有断言的测试不是一个测试。

我们会通过运行测试来熟悉我们的系统：断言结果的正确与否都能让我们学习到

有关知识。

测试边界

每一个测试都存在一定的**边界**，这是作为测试定义与生俱来的一部分存在的。好比你不可能仅仅通过一个实验来证明所有的理论和物理法则是成立的，基本上也不可能通过单个测试来一次性地对任何复杂系统内存的所有行为进行验证。

> 所以当在设计测试时，你应该知道什么需要被测试，什么不需要。

如果你编写了这样一个测试，很有可能你把多个测试合并成了一个，这些测试应该被分开。

测试假设

每一个测试内都存在一组**假设**，这是测试在它的边界内能够高效执行的前提。举个例子，如果你的测试用例依赖数据库访问，那么你或许需要假设数据库已经搭建完成并且处于运行状态才行（因为其他部分的测试已经确认数据库相关代码是正常工作的了）。

如果数据库没有运转起来，那么测试既不能算通过也谈不上失败——它无法向你提供任何信息。所以这一点告诉我们：

> 所有测试至少存在三种结果——通过、失败和未知。

结果为"未知"的测试不能说它们是失败的——否则就意味着他们向我们提供了某些关于系统的信息，但事实上它们没有。

测试设计

因为上面提到了的边界和假设，所以我们需要对全套的测试进行设计，以便：

> 当我们将所有的测试组合在一起后，它们能够切实给予我们想要获取的所有
> 知识。

每一个独立的测试只能给予我们仅限于它的边界和假设内的有限知识，所以我们
如何才能将这些边界交织在一起，以便它们能够正确地向我们展示整个系统的真实行
为是什么样的呢？这个问题的答案或许会影响到正在测试的系统的架构设计，因为其
中的有一些设计会比其他设计更难以测试。

关于测试设计的疑虑会让我们把目光转向当下各类实践中的软件测试的方法论，
那么就让我们看一看**端到端测试**、**集成测试**和**单元测试**分别是什么样的。

端到端测试

"端到端"测试的意思是对一条完整的系统逻辑"路径"进行断言。也就是说你
需要把整个系统搭建起来，在用户端执行一些操作，然后验证系统产出的结果。你并
不关心系统内部为了达到这个目的是如何工作的，你只需要关心输入和结果。这基本
上对所有测试都是成立的，但是在这里我们只在系统的最外层执行测试，也只检查最
外层返回的结果。

例如在一个典型的网络应用中，我们需要编写一个端到端测试用于检验创建的用
户流程是否如预期，测试流程是首先启动 web 服务、数据库服务和浏览器，然后使
用浏览器加载创建账户界面，再将页面表单填充完毕，然后提交。最后你就可以验证
创建之后的结果页告诉我们账号是否创建成功。

端到端测试背后的主要思想是，通过我们尽可能以"真实"和"全面"的方式对
系统进行测试，可以从断言中获取到极为精准的知识。路径上所有的交互和涉及的复
杂逻辑都用测试进行覆盖。

只做端到端测试带来的问题是难以获取到关于系统的所有知识。在任何一个复杂
的软件系统中，需要进行依赖和交互的组件数量和代码路径条数成爆炸级的增长，让
测试很难或者不可能准确覆盖到所有的路径，并做出所有我们想实现的断言。

维护端到端测试也是一个难题，系统内部的小修改都会导致测试需要发生很多大的变动。

端到端测试还是有它的价值的，特别是对于完全缺少测试的系统来说是一个引入测试的很好切入点。它们也是当你想要检测整个系统组合起来是否能正常工作的有力工具。它们在测试套件中拥有重要的地位，但是就本身来说，它们并不是用于获取一个复杂系统全部知识的好的、长期的解决方案。

> 如果某个系统在经过设计之后只能以端到端的方式对其进行测试，那么这就是一个代码中存在架构问题的征兆。

这些问题应该通过重构来解决，目标是让系统也能够用上其他的测试方法。

集成测试

在这种测试场景下，你会取系统中的一个或者多个完整"组件"，用于专门测试将它们"组合在一起"后的表现行为如何。这里说的一个组件可以是一个代码模块、一个你系统依赖的库、一个提供数据的远程服务——本质上来说系统内任何一个从概念上可以和系统其他部分分离的内容都可以算作是一个组件。

举个例子，在一个网络应用中，我们有一个用例是当创建账户时需要给新用户发送一封邮件，有人可能会专门测试创建账号的相关代码（在不浏览页面的情况下，只是执行代码），并且检验邮件是否发送。还有的人会在使用真实数据库的情况下验证账号是否会创建成功——这相当于将账户创建功能与数据库"集成"在一起。基本上这类测试目的是检测两个或者多个组件组合在一起时是否能正常工作。

与端到端测试相比，集成测试会将有待测试的组件独立出来，而不是把整个系统想象成一个"黑盒"对其进行测试。

集成测试不会遇到像端到端测试面临的那种糟糕的测试路径数量爆炸的问题，特别是当有待测试的组件本身和交互组件都非常简单的情况下。如果两个组件因为他们的交互极为复杂而导致难以进行集成测试，这或许在暗示我们其中的一个或者多个组件都需要被重构以便让组件变得更加简约。

就集成测试方法论本身来说它依然存在缺陷，如果想单纯地从组件间的交互来对整个系统进行分析的话，这意味着用于交互测试的组合数量必须要非常多，才能勾勒出整个系统行为的全景图。

与端到端测试相似，集成测试也存在可维护性方面的问题，尽管没有那么严重——当某人对其中一个组件的行为进行了更改，他可能需要更新所有与这个组件交互相关的测试。

单元测试

在这个测试场景中，你需要单独选取一个组件，然后独立地对它的行为进行测试。在我们上面创建账号的例子中，我们可以编写一部分用于验证账号创建的相关代码的单元测试，以及一部分独立的用于验证发送邮件的代码的单元测试，还有一部分独立的针对用户填写页面上账户信息行为的一些单元测试等。

当你拥有一个组件，且这个组对于外部世界来说给出了极其慎重的承诺，那么单元测试则是用于验证这些承诺的最佳方式。举个例子，如果一个函数的使用文档说如果给它传递参数"0"的话它会返回数字"1"。那么其中的一个单元测试就会验证在传递给它参数"0"的情况下它是否会返回数字"1"。它不会检查组件内部的代码是如何工作的——它只会检查函数的行为是否如它承诺的那样。

通常来说一个单元测试只会对一个类/模块中一个函数的单个行为进行验证。人们通常会为一个类/模块创建一组单元测试，当运行所有这些单元测试时，它们会覆盖你想验证的有关这个模块的所有行为。但这几乎总是意味着只测试系统的公共API，单元测试应该验证组件的行为，而不是实现。

理论上来说，如果系统中所有组件的行为在文档中都有完整的定义，且能按照文档里的行为挨个对每个组件进行测试的话，其实也是在对系统的所有可能行为进行测试。倘若你对其中一个组件的行为进行了更改，你只需更新围绕这个组件的最小测试集合即可。

很明显，只有当系统的组件在划分合理，以及简单到能够对行为做出完整定义的情况下，单元测试才能发挥出最大的功效。

大部分时候你不太可能对单个系统进行单元测试，但是可以对它使用集成测试或者端到端测试来验证它的行为是否与期望保持一致，有时候对系统设计上的修改是有必要的。（例如系统内的组件耦合情况过于严重需要彼此间隔离开。）理论上来说，如果一个系统内部组件能做到适当的隔离，并且保证系统内提供的函数功能都是如承诺的那样，那么集成测试或者是端到端测试也不是十分必要。当然真实情况并非如此。

真实情况

现实世界里，在端到端测试和单元测试之间还存在不计其数的中间态测试类型。有时候你的测试方案介于单元测试和端到端测试之间。有时候你的测试又介于集成测试和端到端测试的交集当中。实际的系统会依赖所有形式的测试类型，用于帮助人们正确地理解系统行为。

举个例子，有时候你只需要对系统的其中一个部分进行测试，但是在内部实现上它依赖于系统的另一个部分，所以其实你也算是隐式地对那个系统进行了测试。但这并不意味着你当前的测试就是集成测试，它充其量只能算是间接对其他内部组件进行测试的单元测试而已——比一个普通的单元测试涉及面稍广一些，又比一个集成测试范围小一些。事实上这种类型的测试带来的效果通常是最好的。

伪造数据

有的人认为，为了实现原汁原味的"单元测试"，你必须在代码中编写代码，将你需要进行测试的组件同系统里的其他每一个组件隔离开——甚至包括被测试组件的内部依赖部分。有的人甚至认为这种"原汁原味的单元测试"应该是所有测试渴望追寻的圣杯。基于以下的这些原因，这种测试方式其实是带有误导性的。

1. 为每一个独立组件都编写一份测试的好处在于，当系统发生更改时，相比集成测试和端到端测试的更新，单元测试的更新要少得多。如果你为了让测试里的组件相互独立而让测试变得复杂，那么这种复杂性会抵消上面所说的优点，因为你需要添加更多的测试代码来让测试处于一种最新的状态。

举个例子，想象你想要测试一个邮件发送模块，这个模块需要接收一个代表系统用户的对象，然后将邮件发送给这位用户。你可以构造一个"假的"用户对象——一个完全独立的类，只为测试使用，之所以这么做就是源于我们上面所说的"只测试发送邮件代码而不是用户相关的代码。"但是一旦真实的用户类修改了它的行为之后，你必须也要更新假用户类的行为——而开发者很有可能把这件事给忘了，导致邮件发送测试现在变得无效了，因为它依赖的假设（用户对象的行为）无效了。

2. 一个组件和它内部依赖的关系通常是非常复杂的，如果你测试的不是它的真实依赖，那么你有可能测试到的不是它的真实行为。当开发者没能成功让"伪造的"数据与真实数据保持一致时，这种情况就会发生，但当试图"伪造"一个与"真实"对象具有相同功能和相同复杂度的对象失败时，这种情况也会发生。

在我们上面发送邮件的例子中，如果真实用户可以拥有七种不同格式的姓名，而伪造的数据只拥有一种，这应该会对邮件发送功能产生影响吧？（更糟糕的情况可能是，当测试刚编写完毕时这种差异并不会对邮件发送功能产生影响，但当一年之后可能会带来影响，可已经没有人注意到他们应该对测试作出修改了。）当然，你可以通过修改假数据让它们也拥有相同的复杂度，但是这样的话就无形中增加了假数据的维护成本。

3. 如果一个测试中新增的"伪造"对象太多的话，这种现象很可能在暗示系统的设计存在问题，应该通过修复系统代码来解决，而不是在测试中"绕过"这个问题。

例如组件间的耦合过于严重，那么意味着其中关于"依赖之间的指向关系"或者"系统是如何分层"这些原则没有定义清楚。

总而言之，测试之间存在"相互重叠"的部分不能算是坏事。比如现在你有一个与用户代码的公共 API 有关的测试，同时还有一个与邮件发送代码的公共 API 有关

的测试。因为邮件发送代码使用了真实用户代码，所以这部分测试其实也间接对用户对象进行了"测试"，但是这样的重叠关系是可以接受的。有重叠部分总比你错过了某些想要测试的领域要强。

通过"伪造数据"来对代码进行隔离在某些时候还是有用的。但人们必须要谨慎地作出决策，以及小心背后产生的成本，同时还需要通过对"伪"实例进行有意识的设计来缓解它们带来的副作用。值得注意的一点是，伪造数据还是能给我们的测试带来两方面的提升——**确定性**和**速度**。

确定性

如果系统或者它所处的环境中不存在任何变数，那么测试的结果也应该不会发生任何变化。如果系统中的一个测试今天能够通过，但是在没有对系统做任何修改的情况下明天却失败了，说明这个测试是不可靠的。事实上该测试应该算是无效的，因为它的"失败"并非真的失败，而是"未知"的结果伪装成了有效知识。我们还可以说这种测试是"碎片化"或者是"不确定的"。

有时候系统的某些组成部分确实是带有不确定性的。例如你开发了一个功能，是基于今天的日期生成一个随机字符串，并将它展示在页面上，为了让测试变得可靠，你需要两种类型的测试：

1. 一个测试会一遍又一遍地运行随机生成字符串的代码，来验证它能够生成期望的随机字符串。

2. 一个测试用于验证网站页面，你需要用到一个伪造的随机字符串生成工具，用于返回固定字符串，这样就能保证页面测试结果是确定的。

当然，只有在验证页面上会出现相同字符串这个非常重要的断言情况下，才需要在第二个测试中对数据进行伪造。并非测试中的所有内容都需要是确定的——只需要保证在被测试的系统没有更改的情况下，作出的断言始终为真或者始终为假。如果你无须对字符串进行断言，也不关心页面的体积大小等，那么你也没有必须要保证字符串的生成具有确定性。

速度

测试最有用的地方在于开发者们可以边编辑代码边运行它们，来检查他们正在编写的新代码是否能正常工作。如果测试运行变慢，那么这个功能也就逐渐变得没有意义。或者开发者们可以继续使用这些测试，但是编码的速度会被拖得越来越慢，因为他们不得不一直等待测试运行完毕。

一般来说，一个测试套件不应该花如此长的时间来运行，这会导致开发者在等待测试运行完毕的过程中，从工作上分心，以及无法集中注意力。现有研究表明对大部分开发者来说测试的理想运行时间应该在 2 到 30 秒之间。所以一个开发者在编辑代码阶段运行的测试套件应该尽量在这个时间区间内运行完毕。花上几分钟时间来运行测试没有问题，但是这不算是一个理想状态。更甚者如果要花上 10 分钟才能运行完毕，一般来说这是完全不可接受的。

除了从开发者的编码周期上考虑，还存在其他需要执行高效测试的原因。在极端情况下，如果测试运行缓慢，并且只能在提出诉求很长一段时间之后才能提供结果，那么这种测试完全起不了任何作用。想象一下，如果一个测试的运行时间极长，要等到在产品发布之后才能得到运行结果，这样的测试根本没有存在的意义。缓慢的测试会对很多软件工程组织上的流程产生影响——降低这些影响最简单的办法就是让它们运行得足够快。

有时候测试里存在的一些内部行为会拖慢测试。例如从磁盘上读取一个大型文件，为了解决这个问题，用一个"假"的实现替换掉这个缓慢行为未尝不可——例如用内存中的大型文件替换磁盘上的文件。和其他所有的伪造数据一样，非常重要的一点是你需要了解这种伪造会如何影响你测试的有效性，以及随着时间的推移你需要如何维护这些伪造行为。

有时候保留一些额外的，并非在开发者编辑代码运行时的"缓慢"测试也能带来帮助，这些测试通常是在代码合入版本控制系统之后由自动化系统运行，又或者允许开发者合入代码之前手动运行。这样一来你既满足了开发者可以在编辑代码时快速执行测试的诉求，又能在测试执行缓慢的情况下更完整的测试系统的真实行为。

覆盖率

有一些工具能够在运行测试的情况下告诉你系统的哪些行代码被测试运行过了。它们将这个称为系统的"测试覆盖率"。这些工具有时候确实很有用，但是需要特别记住的是，它们其实并不会告诉你那些代码是否真的被测试过了，只是运行过而已。如果对代码行为没有执行过断言，那么它就算不上被测试过。

总结——测试的总体目标

有非常多的方式来获取有关一个系统的相关知识，测试只是其中的一个渠道。我们也可以采用阅读代码、浏览文档、和开发者交谈等方式达到同样的目的，其中的每一种方式都能给予我们关于系统行为的简要概况。但是，测试恰恰可以对我们获得的这些简要信息进行**验证**，所以它在所有这些方法中才显得特别重要。

> 测试的总体目标是获取关于系统的有效知识。

这个目标凌驾于测试的其他一切原则之上——只要能带来这种效果，它就算是一个有效测试。

但有的测试方法会比其他测试方法运行的效率更高：它们可以使我们更轻松地创建和维护那些，能够产出我们想要的所有信息的测试。这些方法应该被吃透，以及被恰当地利用起来——你可以决定什么时候该使用这些方法，以及如何将它们用于你正在测试的特殊系统。

——Max

第七部分 *Part 7*

持续改善

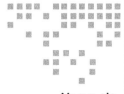

第 33 章 | *Chapter 33*

成功的秘密：持续改善

当我于 2004 年加入 Bugzilla（`https://www.bugzilla.org`）工作时，整个项目正处于一段艰难时期。代码中有不计其数的问题，我们两年都没有发布大版本更新，大量的主力开发成员都离开项目去寻求一份有偿工作。

但是多亏了 Bugzilla 社区中大量新加入成员的努力，我们终于实现了 Bugzilla 2.18 版本的发布。太棒了！钟声响起，鸟儿歌唱，一片欢声笑语。

但不得不提的是，在 Bugzilla 2.16 版本（我加入之前的版本）到 Bugzilla 2.18 版本（我加入之后发布的第一个版本）这段时间内，发生了一些奇怪的事情——我们开始面临非常激烈的竞争。

> 突然之间一大堆崭新的、功能相仿的 bug 管理系统如雨后春笋般冒了出来，其中一些还是人们正在使用的开源软件。

一开始我们对此并不担心。Bugzilla 在当前所处的领域中还是处于统治地位，它很难被动摇。但是随着时间的流逝，竞争对手越来越多，有些人也开始看衰 Bugzilla。我们只是一小群完全不求报酬的志愿开发者，而其中一些竞争对手的产品是由商业公司主导的，他们的市场推广和开发资源绝对远超我们。

但即使如此，随着每一个版本的发布，我们的下载数量都在持续攀升，并且数量都非常可观：每一次新版本的下载量都比上一个版本多出 30% ~ 50%。

等到最终我们发布 Bugzilla 3.0 版本的时候，下载数量与当初相比翻了一番。在我加入项目的这段时间内，每一个版本的下载量都处于增长趋势。2009 年产品每一个版本的下载数量都是 2004 年的十倍。我们究竟是怎么达成这个目标的呢？我的结论是：

> 如果你想在软件方面获得成功，你所要做的仅仅是保证产品在每个版本中都能持续改善。

没有人认为 Bugzilla 2.18 版本是尽善尽美的，但是每个人都不得不承认它和 Bugzilla 2.16 版本比在持续改善。Bugzilla 2.20 版本也不是完美的，但是毫无疑问和 2.18 版本相比它有明显的进步。Bugzilla 3.0 版本则修复了 Bugzilla 中许多臭名昭著的问题，从而收获了更多的下载量。

为什么这会行之有效

当一开始在决定选择使用什么软件的时候，人们的判断标准都各不相同。有时候他们会使用电脑默认提供的软件，有时候他们会有一堆需求列表，再经过大量的调研后选择一款符合他们需求的软件。但是一旦人们做出了选择，他们就会一直使用下去直到一些原因迫使他们离开。人们不太可能有意一直持续寻找能代替你的软件——只有当你的软件止步不前时他们才会考虑其他的方案。

> 只要在每一次发布中软件都能得到持续改善，你就能挽留住你的绝大部分用户。

要知道你其实是在解决那些困扰他们的问题，所以对他们来说没有理由因为这个原因离开。即使你无法在这个版本内把所有问题都修复完毕，但如果你在设法让它好转起来，用户终究还是会对你重拾信心，相信你总会把所有问题都解决掉。在过程中新用户也会发现你的软件，并坚持使用下去。综合这些因素，用户数量会一直稳固增长。

当然你发布新版本的频率必须足够频繁，才能让人们相信软件有希望持续好转。如果新版本总是难产，那么当前版本给用户带来的困扰只会止步不前。

但如果你的确在频繁发布，可发布的版本只是新增功能而不是修复旧问题会怎么样？那么总有一天你所有用户的耐心都会被耗尽。他们不可能无限期地容忍软件没有任何改善。

我想起来曾经使用过的一个软件，在好几年的时间内我每天都要使用它。它有很多很优秀的功能，有一个漂亮的用户界面，但是它一周之内总是会崩溃两到三次。我真的非常喜欢这款软件，但你应该能想象到崩溃这件事太糟糕了。我尝试向软件公司反馈这个问题，但是他们置若罔闻。我一直用了十个迭代版本，它依然会崩溃。虽然软件升级之后带来很多新的功能，可是我一点都不在乎。记住，功能特性只在我初次挑选软件时会对我造成影响。现在我只希望它能有所改善。

但是这件事从来都没有发生。

所以终于，我开始寻找其他能够完成相同工作的软件，在找到之后自然而然就开始在新软件上继续工作，相当长的一段时间内我都对新软件相当满意。

但是你猜怎么着？它也有令人烦恼的 bug。问题发生的概率并不频繁，但是一旦发生就实实在在让人头疼。它至少没有前任软件那么糟糕，所以我一直在将就地使用它。直到某天，我的耐性消耗殆尽了（可能是在软件的第 7 次升级之后），我决定再次寻找替代品。

现在我使用的一个程序只有前两个程序一半的功能。但是从用户体验上说，它给我带来了使用这类软件最愉快的体验。你知道为什么吗？因为我的新程序几乎没有bug。我的意思是，小毛病总是有的，但是新版本发布得很频繁，以至于这些问题很快就能被修复，所以我至今对它都非常满意。

在我还没有加入 Bugzilla 项目工作之前我能想到这个成功的秘密吗？不能。我可能会告诉你传统意义上的成功秘诀——一个产品的成功与否与它的功能和界面有关。但是在这个项目工作 5 年之后，通过管理我们的版本发布和观察下载数量，我可以从我的实际体验告诉你这听上去有些奇怪的真理：

> 如果你的软件项目想要获得成功，你所要做的仅仅是让它在每个版本中都到
> 持续改善。

无论你有多少竞争对手，又或者你的界面上有多少时髦的功能。持续改善，你就
能成功。

——Max

如何找到持续改善的空间

如果你刚好阅读完上一篇中的内容，你或许会问："知道了，但是你如何找到持续改善的空间在哪？"

其实有一些改善之处非常明显。比如在你点击了一个按钮之后，程序花费了 10 分钟才给出响应。这种行为就表现得相当糟糕。又例如你每周能收到关于对某个页面界面设计上百次的抱怨——这说明此处也同样有待提升。

通常会存在一到两处确实急需改善的重点，而且它们会非常明显——即使需要花费很多时间，这些内容还是需要优先解决的。举个例子，在 Bugzilla 3.0 版本之前，在你每次加载页面时，Bugzilla 都会对将要执行的每一个库和整段的脚本进行编译。在低性能的机器上，这种行为给每一次页面加载都添加了好几秒的额外时间，在高性能的机器上也至少会拖慢 1 秒钟。所以很明显性能是 Bugzilla 的一个巨大短板。但更重要的是，Bugzilla 的代码同样很糟糕。每个人都有可能阅读项目的代码——因为人们需要在他们的公司内部频繁地对 Bugzilla 进行定制化开发。这些代码的可读性极差，简直就是一团乱麻。

谢天谢地，两个问题最终都可以用一个方案来解决。首先在 Web 服务器启动时可以将所有代码都预先编译一遍，通过让人们访问这种预编译之后的产品页面，来解决性能问题。其次为了能够实现预编译，我们必须要做大量的重构工作。所以，我们实际上是在通过修复代码问题来修复性能问题。

不管怎么样，这足足花费了我们四个版本迭代（Bugzilla 2.18、2.20、2.22 以及 3.0 版本）才把所有工作完成！在每一个版本中我们也顺带修复了很多小的问题，所以每一个版本确实比前一个版本改善了不少。但是修复重点问题是一项需要投入巨额精力的工作——这不是那种花一个晚上的时间就能把代码清理完毕，然后宣布大功告成的事情。

> 有时候软件项目中的重大问题难以得到解决，是因为它们需要投入大量的精力才能得以修复。但这并不意味着你可以忽略它们，而是要对项目做一个长远的修复规划，同时还要想办法如何保证版本迭代的稳定。

在所有这些问题修复完毕之后，我们就可以把注意力转向别处了，哇，结果你会发现更多的惊喜！原来在别处的某个地方，还有一大堆需要改善的问题！忽然间，新一批"十分明显"的待修复的问题已经排上了日程——问题其实一直就在那里，只不过被前一组"十分明显"的问题暂时掩盖了而已。

现在我们可以按照这种模式永久持续下去——先修复一组"十分明显"的问题，然后继续修复下一组"十分明显"的问题。但是我们遇到了一个新情况——如果突然间你发现你有 50 个"十分明显"的问题需要修复，但是你又无法在一个迭代开发中修复完毕该怎么办？这个时候你就需要一些方法来帮助你决定修复问题的优先级了。

对于 Bugzilla 项目来说，我们做了两件实实在在有助于我们决定优先级的事情：

1. **Bugzilla 调查**：`https://wiki.mozilla.org/Bugzilla:Survey`
2. **Bugzilla 可用性研究**：`https://wiki.mozilla.org/Bugzilla:CMU_HCI_Research_2008`

这项调查中最重要的部分就是允许人们能以各种各样的文字形式，回答针对他们个人提出的问题。也就是说我个人会向 Bugzilla 的个体管理员发送问题，通常问题会针对他们的工作职责做一些定制化。这些问题中并不存在多选题，只会让他们告诉我什么正在困扰着他们以及他们想要看到什么功能。事实上他们非常乐意收到我的邮件——其中许多人对我做出的这次调查表达感谢。

一旦他们都回答完毕，我就会对所有回复一一过目，然后把提及的主要问题制作成一份列表——这简直是一份小小的惊喜！那么当下我们就把精力放在解决这些问题上，如果这些问题能得到改善，相信它们会让人们整体上对 Bugzilla 感到更满意。

而在可用性研究中，最能给我们带来帮助的环节，出乎意料的竟然是研究人员直接（他们通常是可用性的专家）坐在 Bugzilla 产品前，指出哪些功能违背了可用性的原则。也就是说，比他们做实际研究更有价值的是作为专家使用可用性工程的标准原则对产品的审视。他们作为从来没有使用过 Bugzilla，也不会妥协说"好吧只能这么办"的小白用户，看待这个产品的新鲜视角很重要（至少我是这么想的）。

这些数据在取得之后，能够帮助我们更好地决定工作优先级。但十分重要的一点是，不早不晚，我们进行调查和研究的时机很重要。回到我们修复头等重要的几个问题之前，可用性和调查的结果数据对我们来说过于冗余了——它们指出的大大小小问题要么是我们已知的，要么是我们在当下没时间解决的，之后我们又不得不重新进行调查和研究工作，导致浪费了一大堆时间。所以我们必须要等待直到我们反问自己"好吧，那现在最重要的事情是什么？"的时候，收集数据才会显得极为珍贵，并带来出乎意料的帮助。

> 所以整体上看，我想说的是，当你试图对事物进行改善时，首先需要解决的是当前已知的那些头部问题，无论它们的代价如何。

然后情况会稍微缓和一些，可你依然会发现有一大堆问题需要解决。这时候你才需要从用户身上收集数据，修复他们认为的糟糕之处。

——Max

第 35 章 | *Chapter 35*

拒绝的力量

你使用过多少款充斥着错综复杂的功能、带有糟糕设计且交互界面可用性极差的软件？你是否曾经口头上，甚至从行动上想扔掉一台电脑，因为它总把事情做错，或者说你不知道怎样才能让它按照你期望的方式工作？还有你是不是常常会想："怎么可能会有程序员认为这个主意是可行的？"

如果你曾经经历过这些情况，那么你的下一个想法很可能就是"这台电脑真糟糕"又或者是"实现这个功能的程序员真差劲"。不管怎么说，不应该是程序员和硬件设计师们来为系统里这些被疯狂吐槽的功能负责吗？是的，从某种程度上看确实如此。但是在亲身参与软件设计这么多年之后，我对这些蹩脚功能却有另一番感受。我不会迁怒于开发这个系统的程序员，而是会问自己：谁是这款软件的设计师，谁授权开发了这个功能？谁有权力阻止这个功能的上线，但是却袖手旁观任由灾难发生？

诚然有时候软件设计师这个角色并不存在，不过通常这种情况只会发生在你接手的是一个破败不堪的系统时。但凡团队中存在这样一种角色，他们就需要对系统的组织方式负起最终的责任。这份工作部分内容是提前对系统功能的组织结构进行设计。但是软件设计师还肩负另一部分职责——阻止糟糕的想法在软件中被实现。事实上如果说在这么多年的软件行业中我学到了什么的话，那就是：

软件设计师的词典里最重要的一个词就是"不"。

问题其实在于,如果你给了一群人允许他们把脑袋里的想法通通实现的自由,那么可以肯定他们每次实现的想法都是糟糕的。这不是对开发者的批评,而在真实生活中就是这样。我对开发者们的智力和能力有绝对的信心。我欣赏他们在软件开发过程中付出的努力和获得的成就。可不幸的事实是,在缺乏一些中心原则指导的情况下,人们会不自觉地让系统变得复杂起来,同时这也并不会给他们的用户带来任何帮助。

通常一名独立的软件设计师,还是有能力创建一款同时为用户和开发者带来一致愉悦体验的软件的。但如果独立设计师在其他开发者偏离产品目标的时候不及时站出来说"不",那么系统很快就会崩塌,变成充斥着糟糕想法的大泥团。所以拥有一名有权力说"不"的软件设计师非常重要,在恰当的时候设计师能够准确地行使这份权力也很重要。

对那些需要说"不"的想法说"不",会给你的产品带来难以想象的提升。

识别糟糕的想法

在将这条原则付诸实践之前,还有一件事你需要知道:如何识别糟糕的想法。谢天谢地,有非常多的软件设计原则能够告诉你糟糕的想法长什么样,同时它们还能引导你在十分必要的情况下对糟糕的想法说"不"。举个例子:

- ❏ 如果功能的实现违反了软件设计中的某些原则(如过于复杂、难以维护、不易更改等),那么这类实现就是一个糟糕的想法。
- ❏ 如果功能不会给用户带来任何帮助,那么它就是一个糟糕的想法。
- ❏ 如果提议明显是愚蠢的,那么它就是一个糟糕的想法。
- ❏ 如果某些更改修复不了一个已知的问题,那么它就是一个糟糕的想法。
- ❏ 如果你不确定它是不是一个好的想法,那么它就是一个糟糕的想法。

同时人们也应该在工作的过程中,持续地识别什么样的想法是一个好的想法,特别是如果你能将上述经验作为准则利用起来,并搭配上你对软件原则的深刻见解的话,这个过程会更加顺利。

没有更好的想法了

有时设计师们会识别出一个糟糕的想法，但是因为他们当下想不到任何一个更好的解决方案，所以他们依然允许将它实现。这样的做法是错误的。如果对于某个问题你只能想到一个明显愚蠢的解决方案，那么你依然应该拒绝它。

乍一看这个说法似乎是违反直觉的——难道不应该首先解决问题吗？我们不是应该无所不用其极地将问题解决吗？

问题在于：如果你真的将"糟糕的想法"实现了，那么你的"解决方案"会迅速变成比原问题带来更坏影响的灾难，它"能起作用"没错，但是接下来用户会开始抱怨，其他程序员会发出沮丧的感叹，系统也会崩溃，软件就变得不再那么受欢迎了。最终，"解决方案"变成了一个需要使用其他糟糕的"解决方案"来"修复"的问题。而这些"修复"本身也注定会演化为其他让人头疼的大问题。持续这样下去，终有一天你的系统会变得像当下许多现存软件系统一样臃肿、不易理解且难以维护。

如果你时常察觉自己处于需要被迫接受糟糕想法的状态，那么你可能正处于整个事件链条的尾端——也就是说，你正在维护的系统是构建于系统过去已经存在的一系列糟糕想法之上的。在这种情况下，解决办法不是继续"修补"糟糕的想法，而是找到系统中最底层、最根本的糟糕想法，重新设计它们，并持续改善它们。

理想情况下，当你拒绝了一个糟糕的想法，你应该提供一个额外的更好想法来替代它——这样才能使项目有建设性地向前推进，而不是让这个有待解决的问题成为开发过程中的一道障碍。但即使你当下想不到一个更好的想法，坚持拒绝糟糕的想法也很重要。好的想法总会出现。或许需要通过一些研究来发掘，或许某天你正在淋浴时忽然灵光一现，它就自然而然地出现了。我不知道想法会从哪里来以及它长什么样。但是不用担心。你要相信对于每一个问题总是存在解决它们的恰当方式。持续地寻找它们，不要放弃，不要向糟糕的想法妥协。

澄清：采纳和礼貌

所以说"不"很重要，但是对于我真正想表达的含义需要做几点澄清。我不是说每一个建议都是错误的。事实上，大多数开发者都非常聪明，有时候他们非常善于解决问题。许多程序员能够给出完美的建议，编写出优秀的实现代码。即使整体上看并不完美，可我们还是能从哪怕是最糟糕的解决方案里找到闪光点。

> 所以大部分时候，与其直接说"不"，不如说"哇，这个想法的这个部分听起来非常棒，但是其他部分有待商榷"。

我们应该把这个想法中闪光的那一部分提取出来，在经过加工打磨之后将它们利用起来。你必须对想法里糟糕的部分说不。想法中存在优秀的部分并不意味着整个想法都是优秀的。汲取想法里的精华，提炼它，围绕它拓展出一些更好的想法，直到你最终设计的解决方案无懈可击。

同时也需要注意，与团队的其他成员进行良好的沟通非常重要——拥有说"不"的责任并不意味着你有权粗鲁地对待他人或者是不顾及他人的感受，如果真这么做的话，你会伤害到你的团队，导致大家心烦意躁，最终还会以与被你恼怒的人浪费几个小时的争吵而收场。

所以当你必须说"不"的时候，最好找到一种礼貌的方法来表达——在这种方式下你既要表达对于改善问题积极建议的感激，又要在拒绝别人的时候顾及他们的面子。我明白耐心地给别人解释某件事会让人不爽，特别是在某人第一遍没有听明白的情况下，一遍又一遍地重复解释更是让这种不爽变本加厉。但是如果你想在对糟糕功能说"不"的同时，打造一只高效的开发团队，那么这就是你必须要做的事情。

——Max

第 36 章　Chapter 36

为什么说程序员糟糕透了

很久之前，我写过一篇文章名为《为什么说计算机糟糕透了》（在后两次的修改中文章的名称又被接连改为《计算机》和《计算机怎么了》，所以最初的标题并没有被大家所熟知）。整篇文章非常长，但是通篇下来基本想表达的就是，之所以计算机的使用体验异常糟糕，是因为程序员编写了一大堆疯狂、复杂、没有人能理解的玩意，并且复杂性还在不断往上叠加，直到程序的方方面面都陷入难以维系的地步。

当时我不理解的是为什么程序员会这么干。但现实是他们确实是这么做了，可为什么软件开发行业会输出数量如此众多的阅读性差的疯狂复杂代码？为什么这种事总是在发生，甚至是在开发者已经吃过亏而理应吃一堑长一智之后？

> 是什么在让程序员不仅仅在写糟糕代码，还持续写出糟糕代码？

这件事曾经是一个谜，起初我对它并不太在意。只是认为"糟糕程序是由糟糕程序员造成的"是一个很简单和明显的已知现象，值得在编程领域里继续深入探究背后的原因，探究的成果也许会给我们带来有价值的信息。既然问题已经定义清楚了（糟糕的程序员创造了复杂性），似乎也有解决办法（有效地使用软件设计的原则能够防止这种事情的发生），对我来说就足够了。

但让我困惑的是，即使是在软件开发技术已经发展了几十年的背景下，全世界范围内的大学、技能学校，以及训练课程最后培养出来的还是清一色糟糕的程序员。当然，很多的软件设计原则还没有总结成正式规范，但是很多好的实践随处可见，它们中的很多都非常常见。哪怕人们没有去过机构学习，难道它们没有接触过其中的任何一些建议吗？

真相超出了我的想象，在 Bugzilla 项目上和一群独立开发者一起工作了五年后，某天我突然意识到了令人震惊的真相，即：

> 绝大部分（90% 或者更多）的程序员对于他们正在做的事情完全没有概念。

不是说这些程序员没有了解过软件设计（尽管他们很可能没有）。不是说他们用的编程语言过于复杂（尽管它们是的）。而是相当数量的程序员从一开始就不知道他们自己究竟在做什么。他们只是在模仿其他程序员犯下的错误——复制代码，然后往机器里输入一些指令，期待着它能如我们期望的那样工作。所有这些操作的背后都缺乏对计算机运作原理、软件设计原则，或每一个他们往计算机中输入字符的理解。

这是一项大胆、令人震惊，并且具有攻击性的陈述，但它确实是我的经验之谈。我个人评审过非常多程序员的代码，并且对它们给予了反馈。我也阅读过许多其他程序员的代码。我还和非常多的程序员聊过软件开发，同时我阅读过上百位程序员编写的文章。

> 在所有我交谈过、工作过或者听说过的程序员中，真正理解他们所做的事情的程序员的数量只有所有程序员数量的 10%。

在开源领域中，我们接触到的人会更优秀——他们是一些会在业余时间也编写代码的人。但即使如此，我只能说只有 20% 的开源软件程序员可以很好地应对他们负责的工作内容。

所以为什么会这样？出了什么问题？为什么有如此多在这个行业工作的人对于他们正在做的事情完全没有概念？

听上去似乎是因为他们"太愚蠢了"。但什么是愚蠢？如果因为人们只是缺少某方面的知识就称他们愚蠢可能并不合适。有些事情可能每个人都闻所未闻，但这并不意味着他们就是愚蠢的。人们也可能无形中忽略了某些事，这也不意味着他们是愚蠢的。

不，所谓愚蠢，真正的愚蠢，是不知道你不知道某些事情。愚蠢的人以为他们知道某些他们其实并不知道的事情，又或者他们没有意识到有更多的事物需要了解。

> 这类愚蠢在每个领域内都存在，在软件开发领域中也不例外。

许多程序员根本就不知道在软件开发中可能存在通用法则或者是通用指南，所以他们根本就不会搜寻它们。许多软件公司也不会设法提升开发者对于他们所使用的编程语言的理解——也许因为他们仅仅认为程序员"如果被雇用了就应该对那些内容了如指掌"。

不幸的是，在软件开发领域中这种思维模式是极其有害的，因为如果你真正想要成为一名优秀的程序员，有太多的东西需要学习。那些自认为了解一切的人（又或者那些思维上存在"盲点"找不到学习方向的人），因为缺乏必要的知识（那些他们甚至不知道存在的以及他们甚至不知道他们欠缺的知识）会导致他们的编码技能有所欠缺。

无论在任何领域中，无论你的知识多么渊博，总是有更多的事物等待你去了解，在计算机编程领域也不例外。所以自认为你已经通晓一切的想法从根本上说是错误的。

学些什么

有时候对个人来说很难想清楚应该学习些什么。当下信息量这么丰富，要从哪里开始呢？为了帮助你捋清思路，我为你整理了一些你可以自测或者询问他人的问题，来帮助大家找出在哪些方面需要投入更多时间来学习：

❑ 你清楚地了解你编写的每一页代码上的每一个单词和符号吗？

❑ 你是否阅读过以及是否能完全理解与你使用的每一个函数有关的说明文档？

❑ 你是否掌握了软件开发中基本原则的精髓——掌握的程度足以让你毫无差池地解释给你团队中的新成员听？

❑ 你是否理解计算机内每一个组件的功能，以及它们是如何协同运作的？

❑ 你是否了解计算机的历史，以及它们未来的发展方向，以便帮助你理解你的代码将会如何运作在未来的计算机中？

❑ 你是否了解编程语言的历史，以便你可以了解你正在使用的编程语言将会如何进化，以及为什么会朝这个方向进化？

❑ 你是否了解其他的编程语言，其他的编程方式，以及其他形式的计算机，帮助你对症下药解决实际工作问题？

> 自上而下的这些问题，对每一位想要理解他们自己编写的代码的程序员来说都非常重要。如果你可以诚实地对所有问题都回答"是"，那么毫无疑问你就是一名出色的程序员。

或许对于你来说这份学习清单过于繁重了。"哇，每一个函数的说明文档？阅读这些玩意花费的时间太长了！"你知道还有一件事需要花费更长的时间吗？那就是你既不愿意阅读这份文档，却又想成为一名优秀的程序员。你知道这要花费多长时间吗？永远，因为那根本不可能发生。

如果你只是简单地复制别人的代码，然后祈祷它也能在你这正常工作，那么你永远也不会成为一名优秀的程序员。更重要的是，把时间投资在学习上是变优秀的必经之路。当下在时间上的付出会大大提升你日后作为程序员进步的速度。如果在学习一门技术的头三个月，你肯花费非常多的时间来阅读相关的材料，那么比起你不阅读任何材料就开始一股脑钻研编程，在未来 10 年中你的进步速率会快上 10 倍。

尽管如此，我还是会给予一个时间上的限制，因为你不可能期待仅仅靠三个月的阅读就能成为一名优秀的程序员。首先阅读这件事太无聊了——没有人想纯粹地学习三个月的理论知识而不付诸任何的实践。也很少有人靠着长时间的阅读学习成为一名程序员，更别说成为优秀程序员了。所以我想指出的是理解不仅仅来源于学习，还源于实践。但是如果缺少学习这个环节，你也永远不可能对代码有实质上的理解。所以在学习和练习编程之间保持平衡非常重要。

这不是对任何与我共事过的程序员的攻击，也不是对任何个体程序员的攻击。我几乎欣赏每一位我曾经熟知的程序员，对于那些我还没有打过交道的程序员，希望在我们相识之后我也会对他们产生钦佩之情。

这只是一次对所有程序员的公开倡议，放开你们的思维，事实上还有非常多的领域有待我们了解，知识和实践是提升技能的关键，承认自己某方面知识的缺失也不是一件丢人的事——只要你还意识到你对它并不了解，当需要派上用场时花时间去学习就好了。

——Max

第 37 章 | *Chapter 37*

快速编程的秘诀：停止思考

当我和开发者聊到代码的复杂性时，他们都会表达出想要写出简单代码的意愿，但是迫于交付日期的压力，又或者代码实现的一些问题，导致他们没有足够的时间或者知识储备，来保证在完成工作的同时又保证了代码的简约。

给开发者施加时间上的压力的确会导致他们写出复杂的代码。但是交付的最后期限和复杂性并没有必然关系。与其说"最后期限迫使我无法写出简单代码"，不如说"我写出简单代码的速度不够快"。进一步说，作为程序员你编码的速度越快，代码质量被最后期限影响的可能性就越低。

说起来轻松，但是一名程序员如何才能提高编码速度？这是与生俱来的神奇技能吗？因为你的某些方面比别人更"聪明"编码的速度才有如此的提升吗？

不，它既不神奇也和天赋无关。事实上它只涉及一条简单的规则，如果你能够一直遵守下去，那么整个问题终将会迎刃而解：

> 任何时候只要你发现自己停止了思考，那就意味着某个地方出了问题。

听起来有些不可思议，但它的确能带来神奇的效果。思考一下，当你坐在你的代码编辑器前，却又无法快速编码，这难道是因为你打字太慢了？我对此表示怀疑。"需要打太多的字"对于开发者来说从来就不是一个会对效率产生影响的问题。

恰恰相反，正是你停止输入的间隙拖慢了编码速度。而当开发者停止输入时他们通常在干些什么？是停下来思考——思考的内容或许是关于当前的编码问题，或许是关于正在使用的工具，或许关于邮件，任何事物都有可能。但是无论何时何地这样的情况一旦发生了，那便意味着某个地方出现了问题。

思考本身并不是问题——但它是其他问题的征兆。它可能是我们需要解决的众多不同问题之一。

理解

某一天和平时一样，我在编写一个本应是非常简单的服务层代码。过程中我总是需要停下编码来思考，想清楚它的工作行为应该是怎样的。终于，我意识到自己其实没有理解传入给主要函数的其中一个参数的意义。我知道参数类型的名称叫什么，但是我从来都没有去了解这个类型是如何定义的——也就意味着我并非真的理解了那个变量（可能是一个单词或者是符号）的意义。

开发者之所以停下来思考，通常是因为他们没有完全理解一些单词或者符号的意义。

在我查阅了与该类型有关的代码和文档之后，一切都变得清晰起来，我感觉接下来编写代码的状态简直有如神助（有夸张的成分在其中）。

这个问题在实际过程中体现的形式有很多种。许多人在还没有了解（、）、［、］、｛、｝、+、* 以及 % 这些符号真正含义的情况下就开始深入学习一门编程语言。还有些开发者根本不明白计算机是如何工作的。

当你完全理解了之后，你就不必再停下来思考了。这也是我编写我的第一本书《简约之美》背后的主要原因——当你明白对于软件设计来说背后存在着不可动摇的原则，这将会为你节省许多"停下来思考"的时间。

所以说如果你发现自己正停下来思考，不要尝试去解决当下你脑海中的问题——而是跳出你自己，想想有什么是你自己还不知道的。然后去阅读那些能够帮助你理解它们的材料。

这种模式甚至能够解答类似于"用户是否真的会阅读这些文字？"这类的问题。也许公司内部没有用户体验研究部门能帮助你真正回答它，但是你至少可以画出一个原型，然后将它展示给人们并且征询他们的意见。不要只坐在那里然后纯粹地想这个问题——行动起来。只有行动才能带来理解。

画

很多人停下来思考，是因为他们没法在脑袋里一次性装下所有的概念——许多事物都在以一种复杂的方式相互关联在一起，人们必须首先在脑海中将它们过一遍才行。在这种情况下，更有效的方式往往是将它们写下来或者是画出来，而不是凭空思考它们。

此时你需要的应该是你能给予注视的物品，或者是除你自身之外你能感知到的东西。这也是理解的其中一种形式，但是因为它过于特殊了，所以我想要对它做一个单独的说明。

开始

有时候的问题是："我不知道首先应该编写哪一部分的代码。"最简单的解决办法是，开始编写你现在有能力编写的任何代码。挑选当前问题中你已经完全理解的那一部分，首先编写该部分的解决方案——哪怕只有一个函数，或者只是一个并不重要的类。

> 通常情况下，一开始最容易编写的代码往往是应用程序中的"核心"部分。

举一个例子，如果我想写一个 YouTube 应用，我会首先从视频播放器开始。我们可以把它想象成持续交付的一次练习。首先编写能够带来产品雏形的代码，无论产品体量多小或者看上去多蠢。一个没有任何多余界面的视频播放器也算是一个能派上用场的产品（播放视频），即使它的功能并不完整。

> 如果你依然不确定如何编写核心代码，那么可以从你已经确定的部分开始。

我发现只要问题的其中一个部分得到了解决，剩下的部分也会变得容易起来。有时候问题可以在逐步拆解的过程中慢慢清晰起来。只要你首先解决了一部分，剩余部分的解法自然也就一目了然了。哪一部分代码不需要太多思考就能开始编写，那么现在编写这部分代码就好。

跳过步骤

另一个会产生理解方面问题的时刻是当你跳过了正常开发过程中的一些步骤的时候。例如，一个自行车对象由轮子、脚蹬以及整车框架等对象组成。如果你在还没有编写轮子、脚蹬、框架对象的情况下就开始编写自行车对象，你就不得不花很多时间思考这些还不存在的类。另一方面，如果你在自行车类还不存在的情况下想要编写轮子类，你或许需要想一想轮子类会被如何用在自行车类上。

> 在开发系统的过程中，不要跳过某些步骤还期望自己的效率很高。

在上面的例子中正确的方式应该是，首先将自行车类给予足够丰富的实现，直到某个时候你发现需要使用轮子。然后开始编写轮子类，来满足当下自行车类对于轮子类的迫切需求。之后再继续自行车类的编程，直到某个时候你又遇到另一个对底层组件的需求。整个过程正如我之前建议的那样，找到问题中你不需要思考就能解决的部分，并立即将它解决。

身体上的问题

如果我没有吃饱，我很可能就会分心，然后胡思乱想，因为我饿了。也许我脑海中的这些想法不一定都是关于我的胃的，但是如果我吃饱了就不会有这么多想法了——我的注意力就能够集中起来。人们睡眠出现问题，或者生病，又或者存在任何身体问题的时候都会发生这种走神的情况。

这个问题并不如上面提到的"理解"方面的问题那么普遍，所以首先还是优先识别出你尚未完全理解的事物。如果你已经十分确定对于一切都了如指掌了，再来应对身体上的问题吧。

分心

如果一名开发者因为外界的某些事物而分心，比如噪声，这会导致他们需要花上一些思考的时间来回忆起刚刚的代码写到哪了。解决这个问题的答案其实很简单——在你开始开发之前，确保你处于一个不会对你产生干扰，又或者干扰不可能打断你的环境中。

有些人会把他们办公室的门关上，有些人会戴上耳机，有些人会挂上一个"不要打扰"的标志——可以说不择手段吧。你可能需要和你的经理或者同事齐心创造一个对于开发来说没有干扰的环境。

自我怀疑

有时候一名开发者之所以坐着思考，是因为他们对自己做出的决定并不确定。这个问题的解决办法与本章开头内容类似——无论你不确定的内容是什么，请加强对它的认知，直到能足够确定地写出代码。

如果你总体上对于自己是否适合成为一名程序员感到没有信心，那可能意味着有太多东西需要学习了，可以从我在第 36 章中列出的有关确定基础学习方向的自测问题列表入手。对每一条内容进行深入的学习直到你完全掌握它，然后继续下一条内容，如此进行下去。

在编码的过程中难免会涉及新知识的学习，但随着你了解的知识面越来越丰富，你编程的速度会越来越快，花费在思考上的时间就越来越少。

错误想法

　　许多人被告知，思考是聪明人干的事情，因此他们为了做出明智的决定而停下来进行思考。无论如何这都是一个错误的想法。如果独自思考能够让你成为一名天才，那么每个人都会成为爱因斯坦了。

　　聪明的人确实会主动学习、观察、做出决策以及采取行动。他们获取知识，然后将知识用于解决他们面临的问题。如果你想要变得真正的聪明，请在现实世界中运用你的智慧来指导你的行动——不要只在自己的脑海中空想出一些伟大的想法。

警告

　　上面的所有内容就是当你坐下编写代码时帮助你提升编程速度的秘诀。但如果你每天的工作内容只是阅读邮件并且参加各种会议，不涉及任何编程工作——那又是另一回事了。

　　你可以尝试一些类似的解决办法。或许是因为公司没有完全理解你的角色定位，所以才会需要你处理如此多的邮件，参加众多的会议。或许是你对于公司的运转机制没有真正的领悟，尤其是关于如何拒绝参加一部分的会议和拒收部分的邮件的技巧方面。又或者公司层面带来的困扰能够通过采纳这篇文章中的一些方案，通过将它们应用在一群人身上而不是个体身上，来解决问题。

——Max

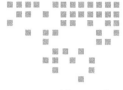

第 38 章 *Chapter 38*

开发者的傲慢

你的程序对我来说一点也不重要。我不关心它的用户界面长什么样子。我不关心它叫什么名字。我不关心谁编写的它，或者它处于哪个版本中。

我唯一关心的是你的程序是否能够协助我完成工作。仅此一点决定了你的软件出色与否，如果它能达成这个目标，那么你应该对此感到骄傲。不要用那些仅仅是你认为重要的功能来博取我的眼球。

当然你的程序对你来说很重要！一旦你在这份代码上投入了相当长的时间，你就很容易将它视若瑰宝。因为编写它太难了。你也许具有无限的聪明才智，芸芸众生都能在你智慧的中得到庇护。你可能为了编写这个程序，克服了一些能够载入史册的人类智力上的巨大挑战。诚然，你应该站在山峰之巅呐喊出你经历的苦难，让你的声音穿越每一座城市的每一条街道，甚至直达地球的深渊。**但是请不要这么做**。

因为你的用户并不在乎。你的开发者朋友们可能会感兴趣，但是你的用户一点也不。

如果你足够聪明，那么只需要向用户呈现你程序最完美的一面。它是如此的完美，以至于用户几乎注意不到它的存在。这才是真正的智慧。

最糟糕的情况是，有些程序会在我电脑每次启动时都弹出一个对话框。我知道你的程序在那。我安装过了。你真的不必再提醒我一遍。如果我想做的是启动并使用我的电脑，你的弹出框会带来任何的帮助吗？并没有，所以还是别这么做吧。

还有一些看似微不足道的地方也会带来问题，它们都和吸引了用户太多的注意力有关：

- ❑ "用户对于在使用我的产品之前，需要填写三个屏幕长的表单这件事，是不会有意见的。"
- ❑ "我非常肯定用户有兴趣了解我专程为这个程序发明的这些图标，所以把这些图标上的文字移除掉不成问题！"
- ❑ "我十分肯定借由这些弹出框来中断用户工作的做法是正确的。"
- ❑ "用户肯定想要在这个巨幅页面上搜索出某一小段文字，以便他们能够点击它。"
- ❑ "为什么我们要把这个变得更简单呢？要花费不少时间，对我来说……它已经够简单了。"

诸如此类。

> 对于一个程序员来说，真正的谦逊是自愿地抹去他在用户世界里的存在感。

请不要再告诉用户你的程序已经安装在他的电脑上了。不要认为用户会在意你的程序，他们只是想要花时间用一用它的界面，或者想要学习它如何使用，他们在意的不是你的程序——而是他们想要达成的目标。如果你能帮助用户完美地实现他们的目标，那么就意味着你为他们创造出了最完美的程序。

——Max

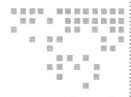

"一致" 并不意味着 "统一"

在用户界面中，相似的事物应该看起来是相同的。而不同种类的事物应该看起来是**不同的**。

为什么高达 75% 的 Facebook 用户认为 2009 年五月的 Facebook 界面改版设计是失败的？因为这次改版让许多不同种类的东西看上去都大同小异。没有人能够区分他们是在更新自己的状态还是在别人的状态下留言，原因是虽然输入框内的文字样式根据你目前的行为会有稍许不同，但是输入框本身看上去都是一样的。与之类似的是，新的聊天界面（几天之后的改版）让空闲状态的用户和活跃状态的用户看起来几乎相同，只有不起眼的图标上的差别。（需要注意，这里说的不同是足够明显的不同，而不是稍微不同，因为人们察觉不到细微的不同。）

> 这是一个开发者非常容易掉入的陷阱，因为开发者都喜欢一致性。

在应用的后端开发中，所有代码都应该在统一的技术框架之上进行开发。但那并不意味着界面上所有元素都应该看起来一样。

事实是，不同种类的事物就应该看起来不同，对于代码来说也是如此，但是人们很少会这么思考，因为开发者们太擅长编写代码了。例如，访问一个对象的值，应该和调用对象上的方法不一样，可在大部分程序中，它们其实是一模一样的。

举个例子，在 Bugzilla 项目代码中访问一个对象上的值的代码类似于 $object->value，而调用对象上的方法的代码则是 $object->method()。看上去没有太大的差异，但是结尾的 () 足够让大部分的程序员注意到"噢，那是一个特殊的方法调用——并不是用来访问对象上的值"。

总而言之，虽然说一致性在应用的前端和后端都非常重要，但是那并不意味着每一件事物都应该看上去是一样的。我们可以想象一种极端的情况，如果我们的程序呈现出来的只是一张空白页面，那它既不能算作是可用的（前端方面），可读性也同样很差（后端方面），不是吗？

——Max

用户有困难，开发者有方案

在软件的世界里，软件开发者的职责就是为用户解决问题。不同的用户代表着不同的问题，开发者们需要将它们一一解决。如果他们的角色发生了互换，麻烦可能就会接踵而至。

如果你有兴趣瞧瞧一个臃肿的、派不上任何用场的复杂软件长什么样，你可以找一款会将用户提出的建议一股脑全部实现的软件看看。可以说用户是对问题最了解的人，有时候他们也会给出一些解决问题的好建议。但是确定解决方案的最终决定权应该掌握在系统的开发者手中，而非用户手中。

当你只为公司内部一小拨人编写软件时，这个问题会更加严重。鉴于他们与管理层关系密切，你所编写软件的服务对象通常比你在公司的地位高。毫不夸张地说他们能够指使你应该怎么做。但如果他们想要一个真正满足需求的解决方案，就应该避免采取这种方式。

信任和信息

如果你对一个为你编写软件的团队有足够的信心，那么你也应该信任他们在软件编写过程中做出的决策。如果你不相信他们，为什么还让他们为你的公司工作呢？

一个成员间互不信任的团队协同工作起来是非常低效的——也许他们都不能被称为一个"团体"，只能说是相互提防的一群个体而已。这样的团队组织或者是其中的个体成员在工作中都不可能始终保持心情愉悦。

如果一名用户想要左右开发者的决定，最好的方式是为他们提供数据。开发者们需要足够的信息来为他们的用户做出决定，这种信息通常来源于用户自己。

如果作为一名用户的你，认为软件的某个功能已经有跑偏的迹象了，那么请阐述你想解决的问题，以及对为什么当前的软件无法解决该问题做出解释。你还应该了解还有多少人有这个问题。最好是能给予数字上的体现，当然有时候只是一个故事也能够帮助开发者做出正确的决定。开发者们应该对数据做出适当的判断（涉及大多数用户的硬核数据比单个用户口述的故事更具有说服力），但无论如何开发者们还是会对那些用于辅助他们做出决策，而不是要求他们给出具体解决方案的信息表示感激。

问题来自用户

从另一方面来说开发者也存在问题。如果你想要瞧瞧用户讨厌的软件长什么样，去寻找一款纯粹用于解决开发者假想中用户痛点的软件你就明白了。

> 问题来自用户，而非开发者。

有时候软件的开发者也同时是它的用户，所以他们能够清楚地意识到自己正在遭遇的问题。这没毛病，但是他们应该把这种情况作为来自用户视角的数据输入，并且确保这些问题也是其他人同样会经历的。开发者通常会认为他们自己的意见相比大部分用户来说更有价值（因为他们看到了大量的用户反馈，并且每天都在使用他们的程序），但依然只不过是来自用户的一条建议而已。

> 一旦你解决的是开发者的问题而不是用户的问题，那就意味着你投入精力的方向有误，这条路并非帮助人们解决问题的最佳方案。

也许对他人的意见进行评判是颇有意思的一件事，能够彰显你是办公室内最聪明的人，还能引导团队来解决你的问题，但如果最终发布的软件没法给他人带来丁点的帮助，还是会让人感觉糟糕。

我还感受到的一点是，解决开发者的问题比解决普通用户的问题更加复杂。所以找到用户实际存在的痛点并且解决它，会相比苦思冥想解决一个想象中的问题更容易。

我并不是在说开发者总是提不出一个有用的问题，用户始终想不到一个有用的答案。有时这种情况还是存在的。但是对于这些事情的评判应该放在等号两侧恰当的那一端。

只有用户（更准确地说，是大部分的用户，或者关于大部分用户的数据）才能真正告诉你他们遭遇的问题是什么，只有在开发侧（更准确地说，是在完全理解了这个问题，并且很可能听取了来自他人的反馈之后，被授予决策重任）的人才能对应该实施什么样的解决方案做出正确决定。

——Max

第 41 章　*Chapter 41*

即时满足 = 即时失败

我发现软件行业中最广泛存在的问题是，公司不愿意把资源投入在只有长期运转之后才会带来收益的事情上。又或者更准确地说，公司并没有意识到存在所谓的长期策略。

在美国，这似乎算是一类根深蒂固的问题——如果一个美国人看不到某件事情的实时反馈，他就会认为它是无用的。结果就是这种思维方式给我们带来快餐、薯条，还有肥胖。健康的饮食方式（蛋白质和蔬菜）给身体带来的是延迟影响（差不多一个小时后你才会恢复精力），糟糕的饮食方式（没有营养价值的无休止的碳水化合物）带来的则是实时结果——立刻充满能量。

> 软件从来就是一个长期的过程。

编写第一个版本的 VCI（https://metacpan.org/pod/VCI）花费了我三周的时间，可以说是相当迅速了。但任何一款真正意义上的应用（VCI 只是一个用于和版本控制系统交互的库），即使你尽可能地确保它小巧，还是需要花费个人数月或者数年的时间才能完成。所以你认为公司会在开发策略上更富有远见，不是吗？

不幸的是，它永远不可能发生。一旦竞争对手 X 公司发布了"闪亮新功能"，我公司就会毫不示弱："我们现在也必须要有闪亮新功能！"。

这不是一个长期的制胜策略，而是短视下的恐慌的表现。你的用户不会因为其他某款软件有而你没有的功能，就立即起身转而投奔他们。你应该观察用户量的增长或者流失趋势再做决策，而不是无脑地对当下环境做出立即响应。

解决长期问题

所以什么是好的长期策略？重构你的代码，让你能够在将来更轻松地添加功能就是其中之一。或者在产品发售之后对一些功能和 UI 上的不足进行打磨，也是用户喜闻乐见的。另一条建议是，如果某些功能可有可无，并且你将来也并不想维护它们，那还是不要添加了。

记得 Mozilla（http://www.mozilla.org）有几年时间过得并不如意，但得益于它们树立了一个长期计划，才得以在 Netscape 彻底丧失市场份额之后又起死回生。诚然，Mozilla 早期做出的一些决定导致他们花费了比预期更长的时间才完成目标，但是忽略短期内的失败，他们最终还是在长期的竞争中胜出。

当然，想说服人们长期计划的正当性很难，因为有时候它需要花费太长时间才能看到结果！当我在 2004 年开始对 Bugzilla 进行重构时，反对的声音一直存在，特别是当我在对补丁代码进行评审并回复他们"你需要等到新架构出来才能将这部分代码合入"或者"你需要将这部分意大利面代码重构"的时候。

但是一旦当重构的效果开始显现（大约两年半之后），突然间添加新功能的工作变得异常轻松，所有的开发者都成了重构的支持者。

如何毁了你的软件公司

我读过太多所谓"如何经营你的软件生意"方面的建议，它们关注的都是实时满足——你当下能做什么。新增功能！立即从投资人那里获取数百万美元的投资！但不幸的是，世界的运转法则其实是，毁灭事物可以是一瞬间的事，**但是创造事物则需要**

花费时间。

所以在现实世界中，你越是向往"实时满足"，你也越是在将你的产品、生意和你的未来推向毁灭。

所以软件行业里一则关键经验教训是：

> 如果你正在制订一则计划，请确保它至少承认创造这件事是需要耗费时间的。它可能不会是永远，但一定不会是当下立即实现。

——Max

成功来自执行而非创新

在如今的科技圈，四处弥漫着一股糟糕的社交风气，无论谈论什么都离不开"创新"。

每个人都想要"创新"。新闻总是在谈论"谁是当下最富有创造力的人。"公司的市场运营部分也无时不在向大众宣告他们"一直在创新"。

| 事实上，带来成功的并非创新，而是执行。

我的想法是如何得优秀或者多么有创新精神一点都不重要，重要的是我能让它在真实世界落实得多好。

当下，我们的历史书崇拜的是发明家，而不是执行者。被作为我们教科书材料的总是那些发明新事物、有新想法、开辟新道路的人。但是看看你现在以及过去一段时间内的周围，你会发现最成功的人往往是将想法落实得非常好的人，而不是给出想法的人。

摇滚不是猫王发明的。汽车或者装配生产线不是福特发明的。用户界面不是苹果发明的。词典不是韦伯斯特发明的。洗衣机不是美泰格公司发明的。网络搜索不是谷歌发明的。关于这一点我能举出**无穷无尽**的例子。

诚然，有时发明家也会是一位优秀的执行者，但这并非常态。绝大部分发明家最终并非他们领域中最成功的人（或者是一点也算不上成功）。

所以请不要焦虑于"赶紧想出一个新点子"。这种担心没有必要。你只需要以尽可能完美的方式去实现一个现有的想法就好。你可以加上一些自己的创意，或者再进行一些打磨，但你根本不需要全新的东西。

有太多的例子可以证明这一点，四处动一动眼珠子你就能找到很难不被注意的例子。稍做观察，你就会有所发现。

我并不是说人们不应该创新。你当然应该！创新非常有趣，你的每一次创新都可以说让整个人类向前迈进了一小步。但是对于你或者是你所属的团队来说，这不是通往成功的长远之路，执行才是。

——Max

第 43 章 *Chapter 43*

杰出的软件

注意：这是我在开始写作后创作的最初几篇文章之一。其他收入在本书中，或者收入在我的另一本图书《简约之美》以及同名博客里的文章，都是围绕本章中提及的一些原则来编写的。但这篇文章从来都没有被公开发表过。尽情享受吧。

一款真正被称为杰出的程序，需要能够**准确执行用户的意图**。

如果你想要把这句称述做更详细的拆解，也就是说杰出软件必须做到：

1. 完全按照用户的要求去做。
2. 表现的行为和用户期望的完全一致。
3. 不会妨碍用户传达他们的意图。

一款软件想要做到真正的杰出，它必须能够满足以上这几点要求。你现在就可以回想任何一款绝大部分用户都交口称赞的软件，会发现它毫无疑问都满足上面三个条件。

当计算机能完美地执行你给出的指令，会给人带来一种奇怪的满足感。这也是编程的乐趣之一———一旦计算机准确无误地将你下达的指令执行完毕，满足的愉悦感便油然而生。所以让我们来分别检视一下这三个方面分别代表什么。

完全按照用户的要求去做

很明显，这是执行用户意图最重要的一点。他们告诉软件做什么，软件就应该去做什么。

任何一款程序都不应该在执行过程中产生预期之外的结果。当你告诉某款程序去发送一封电子邮件，它就应该只会发送电子邮件，而不应该还把你的袜子洗了，提醒你把烤箱关掉，替你缴税等。

同样的道理，任何时候如果你没能完全按照用户的要求去做，你必须通知他们。你应该尽可能避免这种事情的发生，因为任何时候只要程序没能成功贯彻用户的意图（哪怕是因为程序之外的原因），都会让程序在用户心中的形象扣分。在上面的例子中，程序不应该在邮件发送失败的情况下，不通知用户这个事实。发送失败并不是用户的意图，所以他们需要被告知。

发送邮件的例子大家很容易就能理解，但是在计算机的世界里面有很多情况并不是一眼就能够识别的。

> 程序员通常会争论一个程序是否应该对外报告错误，或者当用户告诉它只做某件事时，它是否应该做另一件事。这个问题的答案可以用另一个问题来回答：用户究竟想让软件做什么？

记住，如果用户也对软件配置进行了自定义设置，那么这也算是对程序发出的指令。所以从这个角度说配置也完全契合"用户让程序干的事情"这个说法。鉴于给一个程序添加太多的配置会增加它的复杂性，所以对大部分问题来说这并不是最好的解决办法。

表现的行为和用户期望的完全一致

用户的意图一般通过鼠标点击和键盘输入来表达。但这并不是最有效的沟通方式，所以有时候我们难免会对用户意图进行猜测。

> 这一条规则比较特别，它想表达的是你的程序应该按照用户的期望对输入进行响应。也就是说，程序表现出来的行为应该和用户曾经用过的其他产品相似，又或者说它表现出来的行为应该和文档里描述的一模一样。

注意我不是说"用户曾经使用过的其他程序"我说的是"其他产品"。例如用户在真实的生活中会用到门这件物品，如果你的程序里有一扇门，那么当用户推动或者旋转门把手时，他们期望门可以打开或者关闭。以及他们期望当门处于打开状态时，物体可以"穿过"它，而当门处于关闭状态时，则物体无法穿过它。

当然这对于"其他程序"来说也是成立的。正因为其他程序里都有滚动条，用户才知道"滚动条"是什么。而用户之所以知道键盘所谓何物，是因为每一台电脑都有一个键盘，并且他们从其他地方学会了字母表中的所有单词。（但是如果你的键盘里有一个名为"Qfwfq"的按键，你最好能有一篇易读的文档来解释"Qfwfq"按键的作用。）

总的来说，最杰出的软件都尽可能避免让用户去阅读文档。而用户之所以能无师自通地学会使用程序，是因为它展现的行为和其他程序一样，和他们生活中经历的其他事物一样，又或者程序里的文字提示能恰当地对功能做出解释。（注意许多用户并不会阅读文字提示，但这就涉及另一个"人机交互"的话题了，而这本书和人机交互关系并不太大也就不再深入了。）

这偶尔会和"完全按照用户的要求去做"这条规则相冲突。有时候用户期望程序能够做一些他们并没有明说的事情。例如我希望电子邮件程序能够将我已经发送的邮件储存起来，即使我没有向它明确提出这样的要求。

如果在这条规则和"完全按照用户的要求去做"规则之间确实发生了冲突，而你又疑惑哪个方向才是正确的，那么还是请优先按照用户的指令去执行。只有你十分肯定用户存在某些期望的情况下，才能去违背"完全按照用户的要求去做"这条规则。

最优秀的软件能精准地按照你希望中的方式去行事，并且从不会做出指令之外的行为。

不会妨碍用户传达他们的意图

如果用户无法向你的程序表达他们的意图，只能说你的程序连贯彻用户意图的最基本要求都没能满足——让用户有能力传达他们的意图。这则需求翻译过来就是："**程序用起来要简单**。"

> 你应该让用户向你的程序传达意图这件事操作起来尽可能简单。

你的程序用起来越简单，用户越是能想清楚可以通过何种方式来传达他们的意图。如果你让传递意图这件事变得过于复杂，就相当于无形中给他们创造了障碍。任何时候只要用户在传递意图这件事上屡屡受挫，多半是因为这件事做起来变得困难了。

我知道的一个不争的事实是，智商只有 75 的人也知道如何使用 Notepad 软件。因为它足够简单，所以我们从来不应该抱怨："我的用户太笨了。"而是应该说："我还没有想到如何能让程序变简单的方法，好让我的用户顺利使用。"

"简单"在计算机程序的上下文中，意味着"通过再明显不过的方式，让用户足够轻松且快速地达成他们的目标"。

这里的"明显"通常来说会比"轻松且快速"更重要。如果某人必须要历经三个步骤才能将某项任务完成，但是这三个步骤在程序中呈现的方式再明显不过了，那从用户角度上来说这也能算是一种简单。而最佳状况下的"简单"应该是"只需一步，仅需向计算机发送一条明确的命令即可将任务完成。"对于大部分计算机来说，最简单的操作莫过于将它们开启。（可还是有计算机让这个步骤也十分复杂。）

理想的情况是，计算机内的大部分操作都应该像操作电源按钮那样简单。

如果用户在你的程序中无法找到一种方法能够帮助他们完成工作，那么多半是因为你的程序根本就做不到。如果用程序比纯粹人工去完成某项任务更费劲，那么人们终将选择人工的方式将任务完成。

有非常多的软件只让特定的某部分人群感到满意（类似于程序员），而对其他人并不讨喜。这是因为这种简单是对进阶用户而言的，对于其他大多数人并不简单。所以不难得出结论，你的程序需要达到的"简单"程度，需要根据你的用户群而定。但你的程序越是简单，越能让更多人发现它的优秀之处。

即使对于程序员来说，如果某款简单程序能够达成他们目标，并且程序的实现方式也与他们达成目标的期望方式相匹配，那它就能被采用。大部分复杂应用之所以只服务于高阶用户，是因为还没有人能想到有什么办法让它变得简单。

无论如何还是请记住，简单并不意味着做很多用户指令以外的事！一个能并发执行十个操作的按钮不能被称为简单，也算不上一款杰出的软件。

杰出比简约代码更重要（但并不与简约相冲突）

我从没有给过你任何阻止编写杰出软件的借口。如果能让你的软件更优秀，即使是在程序内部的实现上添加少许的复杂性也是未尝不可的。当然让用户界面变得复杂除外（这违反了"易于使用"的原则）。

我敢说在 99.9% 的情况下，保持软件的简约以及在开发过程中遵守软件设计原则，都能够让我们的软件变得更加优秀，只有当你发现违反某条软件设计原则的确能够让软件变得更杰出时，你才被允许那样做。

——Max

推荐阅读

软件架构：架构模式、特征及实践指南

[美] Mark Richards 等 译者：杨洋 等 书号：978-7-111-68219-6 定价：129.00 元

畅销书《卓有成效的程序员》作者的全新力作，从现代角度，全面系统地阐释软件架构的模式、工具及权衡分析等。

本书全面概述了软件架构的方方面面，涉及架构特征、架构模式、组件识别、图表化和展示架构、演进架构，以及许多其他主题。本书分为三部分。第 1 部分介绍关于组件化、模块化、耦合和度量软件复杂度的基本概念和术语。第 2 部分详细介绍各种架构风格：分层架构风格、管道架构风格、微内核架构风格、基于服务的架构风格、事件驱动的架构风格、基于空间的架构风格、编制驱动的面向服务的架构、微服务架构。第 3 部分介绍成为一个成功的软件架构师所必需的关键技巧和软技能。

推荐阅读

设计原本——计算机科学巨匠Frederick P. Brooks的反思（经典珍藏）

作者：Frederick P. Brooks ISBN：978-7-111-41626-5 定价：79.00元

图灵奖得主、软件工程之父《人月神话》作者Brooks经典著作，揭秘软件设计本质！
程序员、项目经理和架构师终极修炼必读！

如果说《人月神话》结束了软件工业的神话时代，粉碎了"银弹"的幻想，从此人类进入了理性统治一切的工程时代，那么《设计原本》则再次唤醒了人类心中沉睡多年的激情，引导整个业界突破理性主义的无形牢笼，鼓励以充满大胆创新为本的设计作为软件工程核心动力的全新思维。可以说，不读《人月神话》，则会在幻想中迷失；而不读《设计原本》，则必将在复杂低效的流程中落伍！《设计原本》开启了软件工程全新的"后理性时代"，完成了从破到立的圆满循环，具有划时代的重大里程碑意义，是每位从事软件行业的程序员、项目经理和架构师都应该反复研读的经典著作。

全书以设计理念为核心，从对设计模型的探讨入手，讨论了有关设计的若干重大问题：设计过程的建立、设计协作的规划、设计范本的固化、设计演化的管控，以及设计师的发现和培养。书中各章条分缕析、层层推进，读来却丝毫没有书匠气，因为作者不仅运用了大量的图表和案例，并且灵活地运用苏格拉底提问式教学法，即提出问题，摆出事实，让读者自己去思考和取舍，而非教条式地给出现成答案。同时，作者的观点也十分鲜明：反对理性模型的僵化条框，拥抱基于实践的随机应变；质疑一切从头做起而不问前人工作的愚昧自大，主张从前人的失败中把握其选择的脉络，站到巨人的肩膀上而取得设计改进。Brooks每提出一个论点，就举出至少一个例子，将理论扎实地建立在实践的基础之上。他的素材丰富多彩：从CPU体系结构到厨房改造装修，从任务控制、指令尺寸到管理委员会人数，万事万物无不可视为设计案例。本书浓缩了设计百科，又把握了设计脉搏，真无愧"设计原本"之名！

推荐阅读

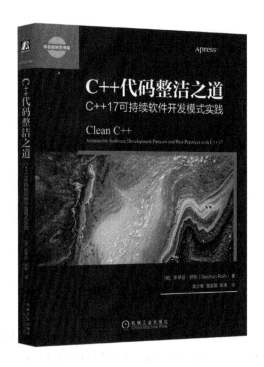

C++代码整洁之道：C++17可持续软件开发模式实践

作者：[德] 斯蒂芬·罗斯（Stephan Roth）　ISBN: 978-7-111-62190-4　定价: 89.00元

掌握高效的现代C++编程法则

学会应用C++设计模式和习惯用法

利用测试驱动开发来创建可维护的、可扩展的软件

内容简介

本书介绍如何使用现代C++编写可维护、可扩展和可持久的软件。对于每一个对编写整洁的C++代码感兴趣的开发人员、软件架构师或团队领导来说，这本书都是必需的。如果你想自学编写整洁的C++代码，本书也正是你需要的。本书旨在帮助所有级别的C++开发人员编写可理解的、灵活的、可维护的和高效的C++代码。即使是经验丰富的C++开发人员，也将受益匪浅。